Structural
Design of
Shimao Chasm
Intercontinental Hotel

世茂深坑洲际酒店
结构设计

陆道渊 等著

中国建筑工业出版社

图书在版编目（CIP）数据

世茂深坑洲际酒店结构设计/陆道渊等著. —北京：中国建筑工业出版社，2017.9

ISBN 978-7-112-21100-5

Ⅰ．①世… Ⅱ．①陆… Ⅲ．①饭店-室内装饰设计 Ⅳ．①TU247.4

中国版本图书馆 CIP 数据核字（2017）第 197648 号

世茂深坑洲际酒店地坑内 16 层（包括水下 2 层）是一个上下高度落差巨大极其复杂、浩大的工程，因其"深度"也将同时带来许多的结构技术难题，本书主要介绍在深坑酒店结构设计中的一些技术难题及解决办法。主要内容包括：工程概况、结构方案设计、荷载与作用、结构多点输入地震作用的分析方法、结构整体计算分析、结构性能化设计、折线形带斜撑钢框架设计研究、楼板的应力分析与设计研究、施工模拟分析、边坡稳定分析研究、坑顶基础设计研究、坑口支座及预应力锚索设计研究、基于三维协同坑底复杂地貌的设计研究、复杂地貌回填混凝土及基础设计研究等。

责任编辑：杨　杰　范业庶
责任设计：李志立
责任校对：焦　乐　张　颖

世茂深坑洲际酒店结构设计
陆道渊　等著

*

中国建筑工业出版社出版、发行（北京海淀三里河路9号）

各地新华书店、建筑书店经销

北京红光制版公司制版

北京云浩印刷有限责任公司印刷

*

开本：787×1092毫米　1/16　印张：15¼　字数：376千字

2017年9月第一版　　2017年9月第一次印刷

定价：**69.00**元

ISBN 978-7-112-21100-5

（30746）

前　　言

世茂深坑洲际酒店（简称"深坑酒店"）位于上海佘山脚下，由世茂集团投资建设，总建筑面积约 6 万平方米，共有三百多套客房，其中坑内 16 层（包括水下 2 层），坑上 3 层（±0 以上 2 层，坑上裙房地下室 1 层）。"深坑酒店"异于常规地上而建的高层建筑，而是反其道行之，向地下建造 80 余米深，和废弃采石坑的崖壁融为一体，堪称凝聚、体现人类智慧的经典永恒之景。

阿特金斯（ATKINS）设计团队出色地完成了本项目建筑方案、建筑初步设计工作；华东建筑设计研究总院（ECADI）设计团队完成了本项目结构方案设计、结构初步设计和结构施工图设计，建筑专业合作完成建筑初步设计并完成了建筑施工图设计，机电专业完成全过程设计工作。"深坑酒店"项目建设施工过程中，总承包单位中国建筑工程总公司第八工程局，钢结构加工制作单位杭萧钢构股份有限公司等参建单位精诚合作，高水平地完成了复杂坑底基础与折线型立面桁架的施工，圆满地实现了设计意图，有效地确保了主体结构的顺利竣工。

"深坑酒店"在负 80 米的坑中建造，化腐朽为神奇，创造全球人工海拔最低五星级酒店的世界纪录。本项目遵循自然环境、反向天空而向地表以下开拓建筑空间的建筑理念成为人类建筑设计理念的革命性创举。本项目在设计和建设施工中解决了诸多工程建设难题，使其成为当代新科技与工程技术的结晶。美国国家地理频道《伟大工程巡礼》全程跟踪记录报道，也充分体现了本项目的难度和关注度。作为世界上第一个建在废石坑里的五星级酒店，"深坑酒店"无疑是今日全球独一无二的奇特工程！

"深坑酒店"的建筑造型新颖独特，平面和立面均呈弯曲的弧线型，主体结构采用两点支承结构体系，两点支承高差近 80 米，水平最大距离近 40 米。主体结构的复杂建筑体型及支承形式，在国内外建筑工程中没有先例，在很多方面都超越了现行技术标准，其设计与施工的复杂性及难度之大前所未有。面对严峻的挑战，结构设计团队反复推敲、多次求证，进行了大量的技术攻关，在设计和施工中进行了大量的创新实践。对于深坑上下两个支承点复杂的地震影响，通过多点输入的动力分析，选择位移时程计算方法，来研究上下两点支承存在幅值差而不考虑相位差的地震响应，有效地解决了两点支承结构体系的地震响应输入问题。采用数值风洞分析坑内风环境对两点支承建筑结构的影响，并考虑多阶振型对风振系数的影响。对于 80 余米超级边坡，采用静力与动力分析方法相结合，对天然无支护及锚固支护条件下的各个作用工况进行稳定性分析计算，并采取相应措施，确保整体边坡的稳定性。针对平面及立面不规则的建筑造型要求，"深坑酒店"主体结构采用钢框架支撑结构体系，沿建筑立面采用折线形立面桁架，建筑平面位置合理设置抗震缝，大大地改善了结构的抗震性能。对深坑复杂的坑底地貌环境，运用三维激光扫描技术，逆向建立岩面真实模型，完整地反映岩面同主体建筑的关系，指导坑底基础设计。对无临时支撑的倾斜弯曲结构施工方式，通过施工模拟分析计算，在确保结构安全的前提下，加快了施工进度。

本书共三篇，分14章。第一篇为工程基本概况，主要介绍工程背景情况、建筑结构设计方案和设计荷载的取值研究。第二篇为主体结构分析与设计，包括结构设计方法、整体计算、特殊折线形弯曲框架、抗震性能目标的实现以及施工过程的模拟分析。第三篇为基础设计研究，主要包括边坡设计、坑顶/坑底基础设计，以及基于三维激光扫描技术同建筑和周边环境的协同设计和基础设计研究。

本书编写工作历时一年多的时间，全书由陆道渊负责组稿定稿，各章节分工如下：第1、2、3章陆道渊、唐波、季俊、哈敏强；第4、5章哈敏强、陆道渊；第6、7章陆道渊、季俊、黄良；第8、9章季俊、陆道渊、黄良；第10、11、12章陆道渊、唐波、季俊；第13、14章陆道渊、唐波、黄良。

"深坑酒店"结构设计的相关研究工作得到了上海市城乡建设和交通委员会科学技术委员会、上海现代建筑设计集团的大力支持。在"深坑酒店"结构设计过程中，得到华东建筑设计研究总院各位领导和许多专家与同行的热情关心、指导与帮助，在此谨表示衷心的感谢！同时还要感谢参与过本工程设计的陆益鸣、任涛二位工程师。最后，由衷感谢华东建筑设计研究总院"深坑酒店"设计团队的各位同仁在结构设计与施工过程中给予的全方位的大力支持和配合。特别感谢全国工程勘察设计大师、华东建筑设计研究总院资深总工程师汪大绥先生以及华东建筑设计研究总院总工程师周建龙先生、姜文伟先生在项目设计和施工过程中的热情关心和指导。

感谢世茂集团对"深坑酒店"结构设计的大力支持以及为本书出版提供的必要的成果资料。本书介绍的内容引用了上海地矿工程勘察有限公司、上海现代建筑设计集团、中国地震局地壳应力研究所、上海申元岩土工程有限公司等单位在结构设计前期所做的杰出工作，在此一并表示感谢。同时，本书的编写过程中也参考了很多国内外同行的相关资料、图片及论著，并尽其所能在参考文献中予以列出，如有疏漏之处，敬请谅解。

陆道渊

2017 年 7 月于上海

目　　录

第一篇　工程基本情况

第二篇 主体结构设计研究

第一篇 工程基本情况

第1章 工程概况

1.1 项目概况

上海松江国家风景区，藏匿着一个废弃的深坑。这个深坑是废弃采石场的遗址。2006年，世茂集团决定利用深坑的自然环境，建造一座五星级酒店，整个酒店与深坑融为一体。为了将此项目打造成另外一个世界建筑奇迹，聘请了设计迪拜帆船酒店的世界顶级设计公司阿特金斯担任建筑的方案和初步设计，由华东建筑设计研究总院负责结构、机电的方案和扩初设计以及全部施工图设计，由中国建筑工程总公司第八工程局负责建筑施工总承包。

世茂深坑酒店位于上海西郊古城松江，天马山深坑，原为卢山。位于官塘之东，与钟贾山相对峙，东北远望佘山，嘉庆府志载，可能是以卢姓得名。新中国成立前开始炸山采石，至50年代末，整个山丘已荡然无存，至2000年挖出近80m的深坑（图1.1）。

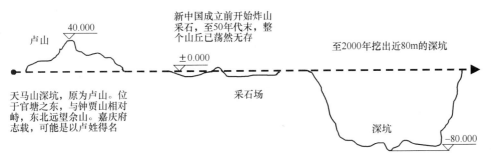

图 1.1　深坑历史演变

深坑近似椭圆形，上宽下窄，面积约 36800m²。其周长约 1000m，东西向长度为 280m 左右，南北向宽度为 220m 左右（如图 1.2 所示），深度最深约 80m，深坑崖壁陡峭，坡脚约 80°（如图 1.3 所示）。深坑围岩由安山岩组成，收集雨水后成为深潭（如图 1.4、图 1.5 所示）。

深坑内部主要由人工开采的碎石块及弱风化基岩组成。碎石层夹少量杂物，土质松散，具中等压缩性。弱风化基岩属火山熔岩，场地内均有分布，有极少量风化裂隙，具低压缩性，且坑底高差较大。深坑内情况如图 1.6、图 1.7 所示。

根据基地的地形状况，主体建筑依靠东边崖壁建造。由于整体规划限制，与主体建筑相联系的裙房控制限高 10m 以下，尽可能在水平方向延展开，使建筑各个功能部分可以兼顾互相的联系，又可以有各自单独的出入口。深坑酒店平面布局如图 1.8 所示。

1

图1.2　深坑平面示意图

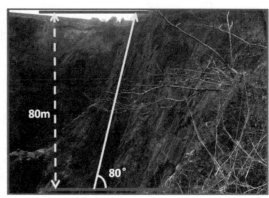

图1.3　深坑立面示意图

图1.4　深坑抽水前

图1.5　深坑抽水后

图1.6　深坑内部详图1

图1.7　深坑内部详图2

图1.8 深坑酒店平面布局

1.2 设 计 概 况

作为深层地下空间资源开发利用的引领之作，世茂深坑酒店创新性地将废弃矿坑"化腐朽为神奇"。着眼利用于城市空间的价值最大化，综合运用建筑行业前沿技术与生态环保理念，遵循自然环境规律，巧妙结合矿坑的实际地势结构，突破现有技术的限制，在"向地表下拓展空间"的设计理念变成现实的同时，修复和再利用遭受环境破坏的城市空间区域。

1.2.1 建筑设计概况

世茂深坑酒店是松江辰花路二号地块发展用地的一部分（图1.9、图1.10），酒店以

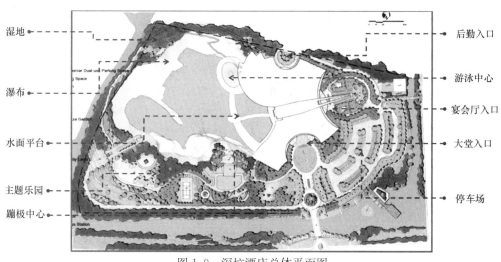

图1.9 深坑酒店总体平面图

3

其独特的地形和地貌特点与其他功能建筑结合互补，将辰花路二号地块打造成为会议和度假服务的高档区域。

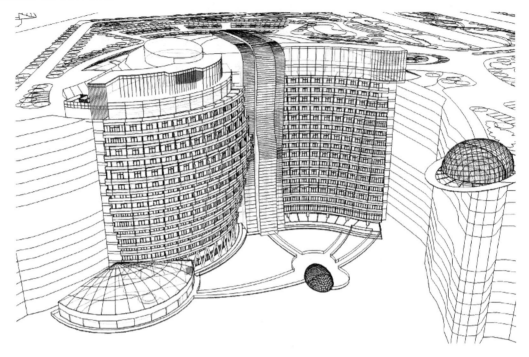

图 1.10　深坑酒店建筑透视图

深坑酒店工程占地面积为 105350m²。由一座五星级深坑酒店及相关附属建筑组成，总建筑面积为 62171.9m²，共有三百多套客房，坑内 16 层（包括水下 2 层），坑上 3 层（±0以上 2 层，坑上裙房地下室 1 层）。深坑典型建筑平面布置图如图 1.11～图 1.14 所示。

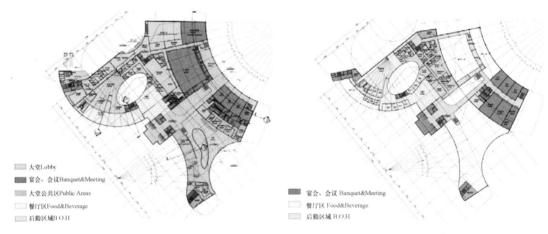

图 1.11　坑上首层建筑平面图　　　　图 1.12　坑上二层建筑平面图

深坑酒店主体建筑主要分为三部分：地上部分、坑下至水面部分、水下部分。

地上部分的裙房平面南边酒店的主入口连接中心大堂，北面为后勤服务区域，东边的宴会会议中心和西边的餐饮娱乐中心。主要的客梯和观光电梯组位于建筑的东西主要轴线上。

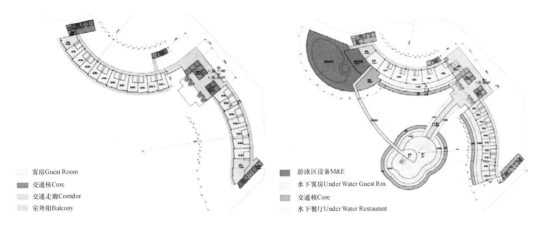

图 1.13　标准层建筑平面图　　　　　　图 1.14　B14 层建筑平面图

　　坑下至水面部分以建筑的酒店客房为主。各个楼层建筑平面均以曲线单元存在，单侧布置客房，面朝横山景观，向内朝向崖壁为背景设计的天然室外中庭。客房主体各层均设有贯穿南北两端的水平通廊，串连起各个客房。层与层之间以形似瀑布的竖向交通核心筒连接。

　　水下部分是酒店的特色客房区和特色水下餐厅。建筑平面上延续主楼的曲线形式，客房布置在曲线的外延，满足观看水景的要求。配合客房和餐厅的位置，在外围设置 2m 纵深的水族缸，各种人造主题水族馆。主体建筑立面图如图 1.15～图 1.17 所示

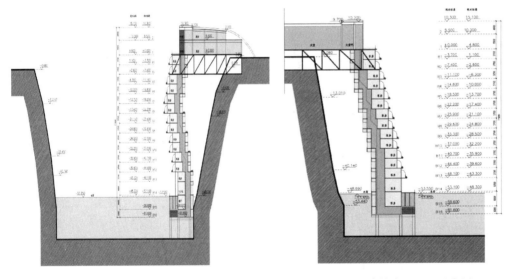

图 1.15　建筑北面立面示意图　　　　　　图 1.16　建筑南面立面示意图

　　深坑酒店立面风格以流线关系为主导，强调立面的细腻和与周边自然环境的协调。该酒店的立面形式源于"瀑布"、"空中花园"、"自然崖壁"和"山"。

　　酒店的主楼使用玻璃和金属板材，塑造层叠的崖壁和天然生长出的空中花园，住于酒店客房，尽可眺望对面崖壁和横山的宁静的景致。酒店的裙房模拟天然山坡，采用覆土植

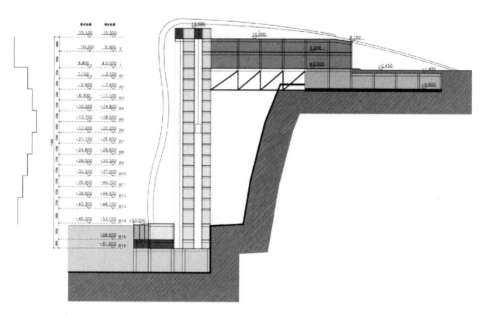

图 1.17　中部观光电梯立面示意图

草屋面，在满足设计的可持续发展理念的同时，以天然生长的形式连接主楼。而贯穿主楼和群房各层楼面的垂直核心筒使用透明绿色玻璃幕墙，形似天然透明的瀑布，从山上沿着崖壁跌落。深坑酒店立面效果图如图 1.18～1.20 所示。

图 1.18　深坑酒店整体立面效果图 1（本图由世茂集团提供）

图 1.19 深坑酒店立面效果图 2　　　　图 1.20 深坑酒店立面效果图 3
（本图由世茂集团提供）　　　　　　（本图由世茂集团提供）

1.2.2 结构设计概况

"深坑酒店"的建筑造型新颖独特，平面和立面均呈弯曲的弧线型，主体结构依靠 80 余米地质深坑，采用两点支承结构体系。坑内主体建筑通过分块箱形基础固结在坑底弱风化基岩上，同时在坑顶 B1 层楼板标高处作为水平铰接支座，对其提供水平方向约束。结构在水平荷载下的受力变形形态不是常见高层的"悬臂梁"特征，而显现出较为特殊的一端刚接另一端铰接的"简支梁"特征（如图 1.21 所示）。结构钢桁架在顶部与坑顶基岩通过铰接支座连接，地震波将分别通过坑底和坑顶基岩传递到主体结构。

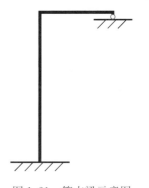

图 1.21 简支梁示意图

主体结构采用两点支承结构体系，两点支承高差近 80m，水平最大距离近 40m。主体结构复杂的建筑体型及支承形式，在国内外建筑工程中没有先例，在很多方面都超越了现行规范和规程的要求，其设计与施工的复杂性及难度之大前所未有。面对严峻的挑战，结构设计团队反复推敲，多次求证，进行了大量的技术攻关，在设计和施工中进行了大量的创新实践。

对于常规悬臂类高层建筑，地震作用的动力分析，主要以多向单点输入地震波的方式。而本工程为两点支承结构体系，需考虑多点多向地震输入问题。通过多点输入的动力分析，选择位移时程计算方法，来研究上下两点支承存在幅值差而不考虑相位差的地震作用，有效地解决了两点支承结构体系的地震响应输入问题。

现行规范求解风振系数均是只考虑结构第一模态，对于一般悬臂型结构，由于频谱比较稀疏，第一振型起绝对影响，此时可以仅考虑结构的第一振型。本工程为两点支承结构体系，若只考虑第一模态，可能会忽略一些主要贡献模态，设计中考虑多振型对结构风振系数的影响。区别于常规地面上悬臂类高层建筑，位于深坑内两点支承结构，采用数值风洞分析，模拟坑内风环境对建筑的影响。

对于 80 余米超级边坡，采用静力与动力分析方法相结合，对天然无支护和锚固支护两种条件情况下的各种工况进行稳定性分析计算，并采取相应措施，确保整体边坡的稳定性。

针对平面及立面不规则的建筑造型要求，"深坑酒店"主体结构采用带支撑钢框架结构体系，沿建筑立面采用折线形立面弯曲桁架。建筑平面在合理位置设置抗震缝，极大地改善了结构的抗震性能。

对深坑复杂的坑底地貌环境，运用三维激光扫描技术，逆向建立岩面真实模型，完整的反映岩面同主体建筑的关系，指导坑底基础设计。

对无临时支撑的倾斜弯曲结构施工方式，通过施工模拟分析计算确定施工顺序，在确保结构安全的前提下，加快了施工进度。

1.3 工 程 大 事 记

从 2008 年初方案设计阶段开始，2010 年 8 月通过结构超限抗震审查，2016 年 9 月主体钢结构封顶，预计 2018 年正式投入使用，世茂深坑酒店建设过程经历的主要事件如下：

2008 年 4 月，上海地矿工程勘察有限公司完成《上海世茂天马深坑酒店工程拟建场地岩土工程勘察报告》、《上海世茂天马深坑酒店工程岩体深大基坑稳定性调查评价报告》；

2008 年 5 月，上海现代建筑设计集团技术中心完成《"松江辰花路二号地块"数值风洞报告》；

2008 年 11 月，中国地震局地壳应力研究所完成《上海世茂松江辰花路二号地块地震安全性评价报告》和《补充报告》；

2009 年 4 月，上海市城乡建设和交通委员会科学技术委员会组织岩土、结构设计等方面的专家，就深坑酒店结构设计进行了咨询；

2010 年 1 月，上海市城乡建设和交通委员会科学技术委员会组织组织岩土、结构设计等方面的专家，就深坑酒店工程深坑边坡长期稳定性和支护设计方案进行了咨询；

2010 年 7 月，上海市城乡建设和交通委员会科学技术委员会组织抗震、结构设计等方面的专家，就深坑酒店地震动参数取值进行了咨询；

2010 年 8 月，通过上海市城乡建设和交通委员会组织的超限抗震审查；

2011 年 8 月，"深坑酒店"坑顶基础施工完成；

2013 年 10 月，"深坑酒店"预埋坑口大梁预应力锚索、坑口大梁混凝土施工完成；

2014 年 6 月，"深坑酒店"坑顶地下室施工完成；

2014 年 9 月，"深坑酒店"坑底三维激光扫描完成；

2014 年 10 月，"深坑酒店"坑顶坑口大梁预应力锚索张拉完成；

2015 年 9 月，"深坑酒店"坑底回填混凝土施工完成；

2015 年 12 月，"深坑酒店"B14 层以下混凝土部分施工完成；

2016 年 1 月，"深坑酒店"开始主体钢结构施工；

2016 年 6 月，"深坑酒店"开始跨越桁架施工；

2016 年 7 月，"深坑酒店"主体钢结构实现合拢；

2016 年 9 月，"深坑酒店"主体钢结构封顶；

深坑酒店主体结构施工过程中的照片如图 1.22～图 1.49 所示。

图 1.22 坑顶基础施工

图 1.23 坑口大梁施工

图 1.24 "深坑"原状

图 1.25 崖壁加固施工

图 1.26 坑底回填混凝土施工 1

图 1.27 坑底回填混凝土施工 2

图1.28　B14层以下混凝土楼层施工　　图1.29　B14层以下混凝土楼层施工完成

图1.30　梁柱节点工厂制作过程　　图1.31　梁柱支撑节点工厂制作过程

图1.32　B14层以上钢结构开始施工　　图1.33　标准层钢结构施工

图1.34 塔1标准层立面图1

图1.35 塔2标准层立面图1

图1.36 塔1标准层立面图2

图1.37 塔2标准层立面图2

图1.38 主体结构全景图1

图 1.39　主体结构全景图 2

图 1.40　梁柱支撑连接节点

图 1.41　柱加腋详图

图 1.42　梁上支撑详图

图 1.43　梁下支撑详图

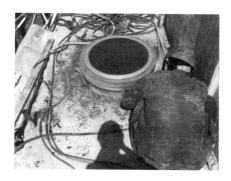

图 1.44 跨越桁架支座施工 1

图 1.45 跨越桁架支座施工 2

图 1.46 跨越桁架施工 1

图 1.47 跨越桁架施工 2

图 1.48 跨越桁架内部详图 1

图 1.49 跨越桁架内部详图 2

参考文献

［1］ 华东建筑设计研究院有限公司."松江辰花路二号地块"深坑酒店结构抗震超限审查报告［R］.2010.
［2］ 华东建筑设计研究院有限公司."松江辰花路二号地块"深坑酒店扩初说明［R］.2010.

第2章 结构方案设计

2.1 主体结构方案设计

2.1.1 钢与混凝土方案对比

通过计算分析，对主体结构进行了钢结构和混凝土结构两种形式的方案比选。采用钢筋混凝土方案进行建模计算，三维建模如图 2.1 所示：

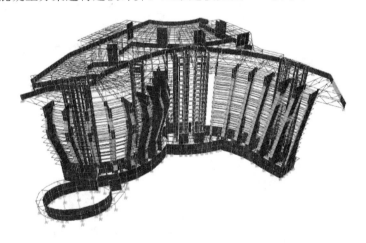

图 2.1 混凝土结构方案计算模型

通过计算结果可知，由于塔1、塔2立面剪力墙呈倾斜状，立面剪力墙在恒载、活载、地震、坑顶支座位移等工况作用下，均较大范围出现拉应力，如图 2.2～图 2.5 所示。

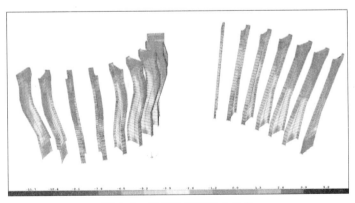

图 2.2 恒载作用下应力分布

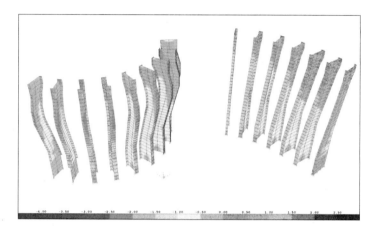

图 2.3　活载作用下应力分布

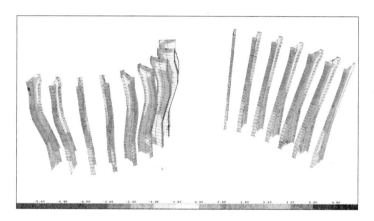

图 2.4　坑顶支座 X 向移动 50mm 应力分布

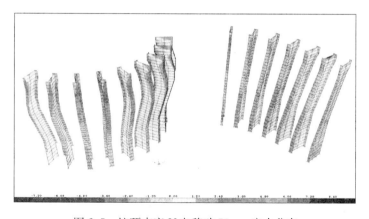

图 2.5　坑顶支座 Y 向移动 50mm 应力分布

由图 2.2~图 2.5 分析结果可知，在恒载、活载、坑顶支座位移等工况下，剪力墙均出现不同程度的受拉应力，且桁架受拉的范围较大。分析结果表明，塔 1 凸出剪力墙在不同工况作用下，凸出部分均出现拉应力，且在支座 Y 向移动工况下，拉应力出现的范围最大（如图 2.6~2.9 所示）；塔 2 倾斜剪力墙在不同工况作用下，均出现拉应力，且在支座 X 向移动工况下，拉应力出现的范围最大（如图 2.10~2.13 所示）。

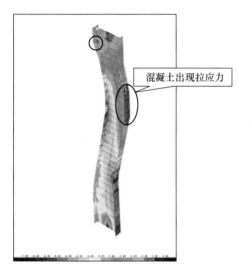

图 2.6　塔 1 典型剪力墙
恒载作用下应力分布

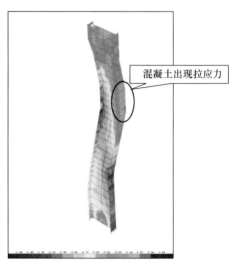

图 2.7　塔 1 典型剪力墙活载
作用下应力分布

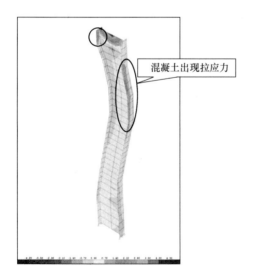

图 2.8　塔 1 典型剪力墙
支座 X 向移动下应力分布

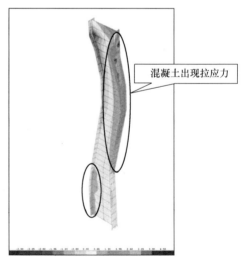

图 2.9　塔 1 典型剪力墙
支座 Y 向移动下应力分布

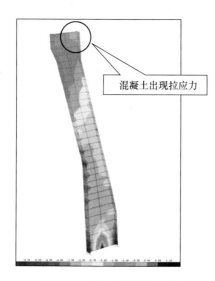

图 2.10 塔 2 典型剪力墙
恒载作用下应力分布

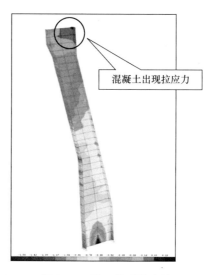

图 2.11 塔 2 典型剪力墙
活载作用下应力分布

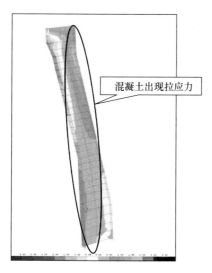

图 2.12 塔 2 典型剪力墙
支座 X 向移动下应力分布

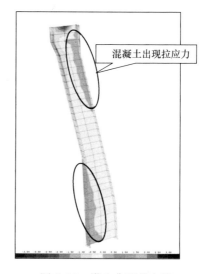

图 2.13 塔 2 典型剪力墙
支座 Y 向移动下应力分布

表 2.1 是钢结构和混凝土结构两种体系的对比。

钢结构及混凝土结构对比　　　　　　　　　　　　　　　　　　　　表 2.1

性能指标　　　　　　　结构体系	钢结构	混凝土结构
对建筑功能的影响	小	大
受力性能	优 具有较好的延性和抗震性能	劣 结构变刚；结构体系延性较差； 在自重作用下剪力墙出现拉力

性能指标 \ 结构体系		钢结构	混凝土结构
对边坡的要求	对边坡作用力	小 由于结构自重较轻， 对支座作用力较低	大 自重较大， 对坑口及坑底支座处作用力大
	对支座变为限值	低	高 结构自身刚度较大，对坑顶支座变位限制较高
施工工艺及工期	模板要求	无	高 剪力墙形态弯曲， 施工模板不易制作
	支撑脚手架	低	高 建筑形态倾斜，施工过程中需要脚手架满堂支撑， 并且对刚度强度要求较高，否则剪力墙易出现开裂
	施工工期	短	长
造价	结构自身费用	高	低
	施工措施	低	高

综上所述，通过对建筑使用功能影响、受力性能、对边坡影响、施工工艺及工期和造价等方面比较，钢结构方案优于混凝土方案，最终选择钢结构。

2.1.2 结构方案布置

深坑酒店主体建筑依崖壁建造，酒店主体结构下部坐落于坑底基岩上，上部和坑顶基岩（及部分裙房）相连，主体结构在水平荷载作用下，呈现出一端刚接另一端铰接梁的变形和受力特性。坑内各楼层建筑平面在中部为竖向交通单元，两侧均为圆弧形曲线客房单元。坑内建筑平面狭长且呈现"L形"，抗震计算时层间位移比等参数较难以控制，因此设计将中部竖向交通单元和塔 1 圆弧形曲线客房单元连成整体，与塔 2 圆弧形曲线客房单元之间设置抗震缝分开（抗震缝位置详见图 2.14），这也是在平面连接最薄弱部位，抗震缝的宽度 250mm。两侧圆弧形曲线客房单元沿径向的竖向剖面也呈现不同的曲线形态。B14 层楼面以下为混凝土结构，结构整体刚度较大，可作为标准层主体结构的下部约束层，同时 B1 层及坑上首层形成的跨越桁架层及其以上平面面积较大，整体刚度大，径向及环向同岩体连接，是结构上支承点的可靠约束层。由抗震缝分开的双塔，在 B14 层以下及坑上部分均连成整体，在 B14 层至 B1 层之间形成了双塔的结构形式，改善了结构的抗震性能。标准层结构平面布置图如图 2.14 所示，B14 层平面布置图如图 2.15 所示，跨越桁架层平面如图 2.16 所示。由抗震缝形成的双塔，在B1 层与坑上首层之间采用跨越桁架与坑口支座大梁连接，形成两点支承结构体系，跨越桁架平面布置如图 2.16 所示。

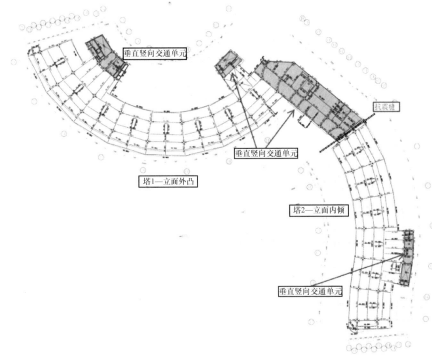

图 2.14 坑内标准层典型结构平面图

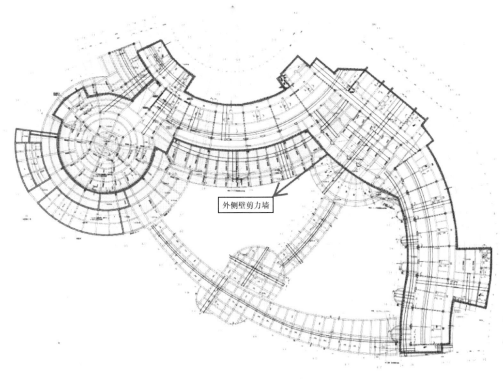

图 2.15 坑内 B14 层结构平面图

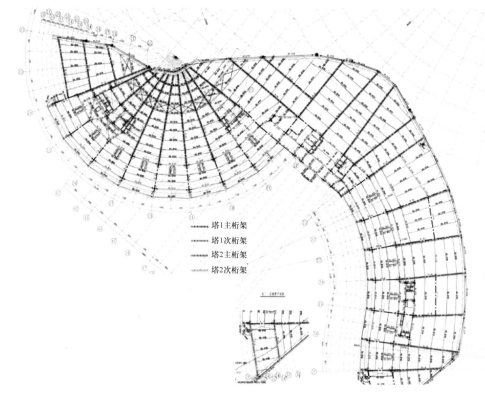

图 2.16　坑内跨越桁架平面布置图

　　酒店主体结构根据建筑立面造型要求，采用上下两点支承的带支撑的钢框架结构体系，由抗震缝分成两个折线形立面如图 2.17、图 2.18 所示，垂直竖向交通单位采用带支撑钢框架或纯钢框架结构体系，如图 2.19 所示。客房区域布置带支撑钢框架，框架柱为倾斜钢管混凝土柱，主要的钢管混凝土柱截面尺寸直径为 700～550mm，钢板厚度为 20～25mm，钢管混凝土柱、钢框架梁钢材材质采用 Q345B 及 Q345C，管内填充混凝土强度

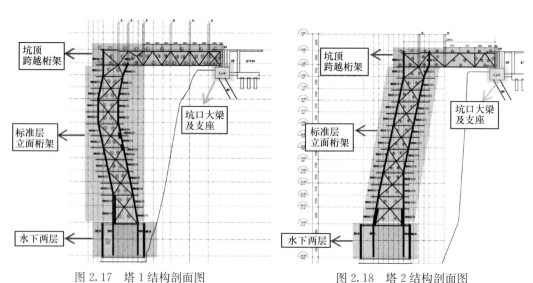

图 2.17　塔 1 结构剖面图　　　　　图 2.18　塔 2 结构剖面图

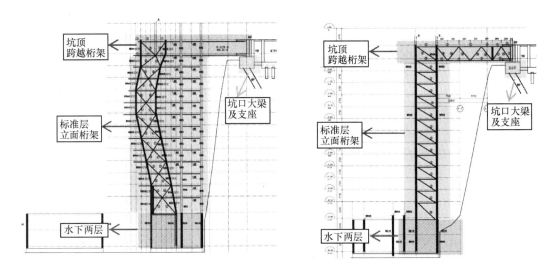

图 2.19 垂直交通单位结构剖面图

为 C60～C50。圆钢管混凝土柱在地下室部分外包混凝土，这样既解决了钢结构防腐及防水问题，又方便与混凝土梁的连接。钢支撑采用焊接 H 型钢及箱型截面，框架梁采用焊接 H 型钢，与框架柱均为刚接。裙房部分采用纯钢框架结构体系，地面以上框架柱均为钢柱，钢管柱内不填充混凝土。

在坑顶采用钢桁架作为跨越结构支托上部 2 层裙房的结构，钢桁架一端和坑内的酒店主体结构相连；另一端在下弦部位（B1 层）采用铰接支座支承在坑口的基础梁上，并在下弦（B1 层）设置 180mm 厚钢筋混凝土现浇组合楼板和坑口的基础梁连成整体，基础梁和坑顶外围地下室底板连成整体，为酒店主体结构提供水平方向约束。

钢框架区域采用 120mm 厚钢筋混凝土现浇钢筋桁架楼承板，为了提高结构的整体性能及楼板平面内的刚度，楼承板满足楼板双向受力和配筋的要求。另外，坑顶在两侧圆弧形曲线客房单元和中部的竖向交通单元连接处结合楼板应力分析结果，加大楼板配筋或设置水平钢桁架来加强结构的整体性能。

2.2 基 础 方 案 设 计

2.2.1 地质情况概述

"深坑酒店"位于采石坑内，采石坑由采石场开挖采石料形成，采石坑外天然地坪起伏较大，绝对标高 0.370～3.880m，坑外场地基岩面标高为天然地面下 5m 左右，随着水平位置逐渐远离深坑，基岩面标高也逐渐降低。采石坑内绝对标高－70.520～－48.390m，坑底岩面起伏变化较大，高差达 22.20m。

2.2.2 坑底基础方案

坑内主体结构采用分块箱形基础同筏形基础相结合的形式，基础持力层为微风化基岩（安山熔岩）。由于坑内地形起伏很大，为真实还原坑底实际情况，引入三维激光扫描技术。三维激光扫描技术，能完整并高精度的重建扫描实物及快速获得原始测绘数据，可以真正做到直接从实物中进行快速的逆向三维数据采集及模型重构，其激光点云中的每个三维数据都是直接采集的真实数据，为后期坑内主体结构基础设计提供真实可靠的完整数据，见图 2.20。三维激光扫描采用独特的点云建模方式，为复杂地貌建筑物设计提供了一种全新的思路。

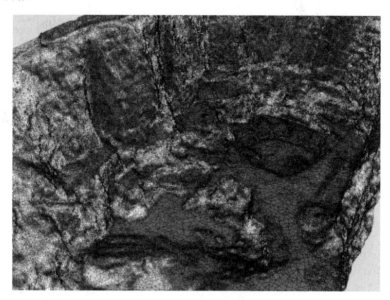

图 2.20　三维激光扫描基础岩面还原

本工程坑内水下部分 2 层，水下一层为水下客房和水下特色餐饮，水下二层为机房层，层高均为 5.20m。水下部分迎水面混凝土外墙厚度为 600mm，混凝土强度等级为 C35。由于增加了地下室外墙，地下室抗侧刚度较大。钢管混凝土柱在水下部分为外包混凝土的钢管混凝土叠合柱，并锚入底板。水下部分楼面采用现浇钢筋混凝土梁板。水下结构外墙抗渗等级为 P8～P10，添加混凝土抗裂剂或微膨胀剂。因坑内的水下部分平面长度超过《混凝土结构设计规范》要求的钢筋混凝土结构伸缩缝最大间距，为了减少施工期间的温度应力和混凝土收缩应力，在平面中央竖向交通等部位设置施工后浇带。

2.2.3　坑顶支座的基础方案

在坑顶坑口位置采用基础梁＋岩石预应力锚索作为跨越钢桁架的基础，并且设置梁板把基础梁和外围地下室底板连成整体。基础梁 3300mm×2375mm，基础底绝对标高 -2.950m，持力层为中风化基岩，岩石承载力特征值为 1700kPa。在基础梁上设置一圈混凝土剪力墙，起到围护挡土作用并加强支座所在部位的刚度，满足作为地上 2 层钢框架结构嵌固支座的要求。基础梁底部增设抗剪键和预应力锚索一起保证支座水平力的传递和基础梁的稳定性，详见图 2.21。预应力锚索根据支座处大震作用下水平力的大小，结合边坡支护进行设置。

2.2.4　坑顶裙房基础方案

坑顶地下室部分区域（中风化基岩埋置较深区域）采用钢筋混凝土钻孔灌注嵌岩桩＋

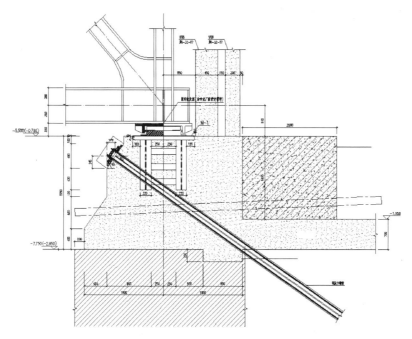

图 2.21　坑口基础梁示意图

独立承台＋筏板，独立承台高度 1400mm，基础梁 500mm×1200mm，筏板厚度 600mm；坑顶其余区域（中风化基岩埋置较浅区域）采用岩石扩展浅基础＋筏板，岩石扩展浅基础高度 1400mm，连系梁 500mm×1200mm；

钻孔灌注嵌岩桩桩径 ϕ800mm，桩端持力层为中风化基岩（安山熔岩），分为抗压桩和抗拔桩两种：其中，抗压钻孔灌注嵌岩桩的嵌岩深度不小于 1000mm，混凝土设计强度等级为 C40，单桩竖向抗压承载力设计值为 4300kN；抗拔钻孔灌注嵌岩桩，当桩顶至中风化基岩面桩身长度大于 15m 时，桩的嵌岩深度不小于 1600mm，桩顶至中风化基岩面桩身长度小于 15m 时，桩的嵌岩深度不小于 2400mm，混凝土设计强度等级为 C35，单桩竖向抗拔承载力设计值为 1500kN。由于岩面起伏很大，桩长变化较大，桩长依据桩的嵌岩深度要求现场施工确定。基础混凝土强度等级为 C35，抗渗等级为 P8，添加混凝土抗裂剂或微膨胀剂。

坑外裙房有一层地下室，其外墙厚度为 600mm，混凝土强度等级为 C35。外墙抗渗等级为 P8，添加混凝土抗裂剂或微膨胀剂。由于坑顶地下室部分平面长度超过规范要求，结合施工顺序形成的作业面设置施工后浇带。

2.3　结构设计十大挑战

世茂深坑酒店主体结构依靠 80 余 m 崖壁建造，主体结构周边复杂的地貌环境及其独特的建筑造型，为结构设计带来极大的挑战：

1. 两点支承结构体系

根据世茂深坑酒店的特殊性，采用带支撑的钢框架结构体系，其主框架的上、下两点均设置支座约束。而目前现有的规范、规程均仅适用于单点支承的悬臂结构，对本工程并不适用。两点支承结构体系的剪重比、刚重比、位移比、层间位移角等结构设计的总体指标评判标准，均与常规的悬臂结构体系存在着实质性差异。

2. 地震作用计算的复杂性

本工程地震作用的特点：结构上、下两点支承，地震作用存在"幅值差"，而无"相位差"。这与一般桥梁、大跨度结构等工程中地震作用仅有"相位差"，而无"幅值差"的特点是不同。常规的地震作用计算方法对本工程不适用。

在进行地震作用计算时，动力分析通常采用加速度时程，当采用加速度时程进行多点输入分析时，当坑顶、坑底输入安评报告提供的加速度时程曲线进行小震下的时程分析时，坑顶坑底的位移漂移竟达到了 5m，这明显与实际情况不符合。因此，同其他仅有相位差的考虑行波效应的多点输入不同，本工程进行多点输入时程分析时，无法采用加速度时程曲线，只能输入位移时程曲线来进行动力分析。

常规工程的地震作用设计方法为"静力反应谱分析＋动力时程分析复核"，而本工程地震作用设计研究思路为"动力时程分析研究内力分布规律＋静力设计方法复核和包络设计"。通过研究方法的创新，解决了本工程地震作用的设计难题。

3. 风荷载计算的复杂性

现行的荷载规范主要针对位于地面以上的悬臂型结构，由于深坑酒店主体结构采用两点支承结构体系，且位于地质深坑内，目前规范有关风振系数、风压高度变化系数、体型系数等计算方法，已不适用于本工程。对主体建筑进行数值风洞模拟计算，为主体结构及幕墙等围护结构设计提供准确的风荷载数据。

同时，由于常规高层建筑和高耸建筑等悬臂型结构的风振计算中，往往是第 1 振型起主要作用，采用平均风压乘以风振系数，来综合考虑结构在风荷载作用下的动力响应。但由于深坑酒店采用两点支承结构体系，若只考虑第一模态，可能会忽略一些主要贡献模态，故对本工程应考虑多振型对结构风振系数的影响。

4. 坑底复杂地貌基础设计

地基基础设计与其所处的周边环境关系密切，基础设计时，应根据地质情况合理选择基础形式及持力层。由于本工程坑底是采石场的旧址，地貌条件极为复杂，周边环境对基础设计影响较大，存在岩面起伏变化较大，基础范围内岩面持力层双向落差大，基础临近边坡岩面，基础和岩面的承载力及稳定性受周边环境的影响较大等诸多因素，给基础设计带来挑战。

借助三维激光扫描技术，快速获得原始测绘数据，完整并高精度的重建坑底复杂地貌三维模型，为复杂地貌基础设计提供精确完整的数据。

5. 崖壁稳定性

根据国家《建筑边坡工程技术规范》（GB 50330—2013）第 3.2.1 条：当岩体类型为Ⅰ类或Ⅱ类，边坡高度不大于 30m，破坏后果很严重，则安全等级为一级。本项目现边坡高度达 70m，显然超出现行规范的最高边坡规定，应属于超级边坡。

对深坑的开挖效应、建筑物荷载、地面超载、地震作用等外荷载的影响，并考虑岩质边坡与主体结构的相互作用等因素，进行岩质边坡的三维稳定性分析评价，根据边坡稳定性分析结果，对岩质边坡采取加强措施，确保超级边坡安全可靠。

6. 结构平面不规则

由于建筑体型的原因，坑内酒店标准层平面为弯曲狭长形，两个方向刚度相差较大。通过设置抗震缝，以尽可能减少地震作用下的相互影响。并在刚度薄弱方向设置埋藏于隔墙内的钢支撑，使结构两个方向刚度匹配，大大提高结构的抗震性能，同时钢支撑的设置也对均衡两侧折线形钢柱的内力起到有利的作用。

7. 结构立面不规则

针对建筑双曲面的空间造型，结构采用带支撑的折线形钢框架结构体系，其中框架柱为沿建筑曲面形态设置成分段折线形柱，结构竖向构件的传力直接、安全，同时，折线形钢管柱也便于工厂加工和现场施工。

8. 坑口支座设计

主体结构在 B1 层与 F1 层设置跨越桁架并搁置于坑口大梁上，形成主体结构的顶端约束。跨越桁架可以对空间弯折的酒店主体结构以"扶持"，并与其共同整体受力，大幅提高了结构的整体刚度，跨越桁架同时也为坑内地上部分钢结构的弹性支座。

支承跨越桁架的坑口支座通过采用混凝土抗剪键、预应力锚索等方式与坑口岩体紧密连接，有效的将坑口的水平力传递至坑上土体。同时考虑坑口支座的重要性，设计时满足大震不屈服性能目标的要求。

9. 异形节点设计

根据建筑师的要求，大部分钢管混凝土柱的直径仅为 600mm，考虑钢管混凝土柱的钢管径厚比要求，钢管混凝土柱极限承载力已为定值，从结构安全性出发，在满足建筑师要求的前提下，利用建筑隔墙，对圆钢管柱进行局部加强，使钢管柱加强端隐藏在建筑隔墙内。既满足建筑使用功能，又满足结构安全。

10. 施工模拟分析

在整个施工过程中结构是一个时变体系，结构的材料参数、几何参数、荷载边界条件都随施工进程而改变，结构竣工状态的内力和变形也是各施工步骤效应的累积结果，与施工过程和时间效应密切相关。施工过程分析是建筑结构设计的重要内容，目前国内外对传统悬臂型结构体系施工模拟分析已经较为成熟，但由于现场施工条件的局限性，在施工过程中无法同时达到两点支承（即刚度一次形成），故本工程的施工模拟分析尤为重要。

参考文献

[1] 华东建筑设计研究院有限公司."松江辰花路二号地块"深坑酒店结构抗震超限审查报告[R].2010.
[2] 华东建筑设计研究院有限公司."松江辰花路二号地块"深坑酒店扩初说明[R].2010.
[3] 华东建筑设计研究院有限公司."松江辰花路二号地块"深坑酒店结构设计中的关键技术研究[R].2010.
[4] 华东建筑设计研究院有限公司."松江辰花路二号地块"深坑酒店方案阶段技术问题(简支梁理论解-SAP解)[R].2010.
[5] 华东建筑设计研究院有限公司."松江辰花路二号地块"深坑酒店结构方案比较(混凝土-钢结构)[R].2010.

第3章 荷载与作用

3.1 重力荷载

重力荷载包括恒荷载和活荷载两部分。恒载可分为结构自重及附加恒载，附加恒载主要为构件饰面、整浇层、吊顶、设备管道等荷载。

作用在楼面上的活荷载，在确定梁、墙、柱和基础的荷载标准值时，允许按楼面活荷载标准值乘以折减系数，根据《建筑结构荷载规范》（GB 50009—2012）对楼面活荷载进行折减。

根据建筑使用功能，楼面恒载按实际考虑，主要楼面使用活荷载标准值如表3.1所示。

主要楼面活荷载取值　　　　　　　　　　　　　　　　　　　　表3.1

项目	活荷载标准值（kPa）
办公室、会议室	2.0kN/m²
酒店客房	2.0kN/m²
餐厅	2.5kN/m²
厨房	4.0kN/m²
商店	3.5kN/m²
储藏室、库房	5.0kN/m²
走廊、门厅（酒店办公区域）	2.5kN/m2
走廊、门厅、楼梯（酒店客房区域）	2.0kN/m2
消防疏散楼梯	3.5kN/m²
设备机房	7.0kN/m²
电梯机房	7.0kN/m²
消防车道（单向板）	35.0kN/m²
消防车道（双向板）	20.0kN/m²
上人屋面	2.0kN/m²
不上人屋面	0.5kN/m²

其余设备用房按实际荷重取用，其余未注明楼面活荷载按《建筑结构荷载规范》（GB 50009—2012）取值。

3.2 雪 荷 载

根据《建筑结构荷载规范》（GB 50009—2012），取用 50 年一遇的基本雪压 $S_0 = 0.20\text{kN/m}^2$。

3.3 风荷载及风洞数值分析

3.3.1 风荷载计算

上海地区 50 年重现期的基本风压为 $w_0 = 0.55\text{kN/m}^2$，项目周边环境可取 B 类地貌。依据《建筑结构荷载规范》（GB 50009—2012）确定风荷载标准值，当计算主要承重结构时采用下式：

$$w_k = \beta_z \mu_s \mu_z w_0 \tag{3.1}$$

式中　w_k——风荷载标准值（kN/m^2）；

　　　β_z——高度 Z 处的风振系数；

　　　μ_s——风荷载体形系数；

　　　μ_z——风压高度变化系数；

　　　w_0——基本风压（kN/m^2）。

由《建筑结构荷载规范》（GB 50009—2012）中 8.4 节：

$$\beta_z = 1 + 2g I_{10} B_z \sqrt{1 + R^2} \tag{3.2}$$

式中　g——峰值因子，可取 2.5；

　　　I_{10}——10m 高度名义湍流强度；

　　　R——脉动风荷载的共振分量因子；

　　　B_z——脉动风荷载的背景分量因子。

$$R = \sqrt{\frac{\pi}{6\zeta_1} \frac{x_1^2}{(1 + x_1^2)^{4/3}}} \tag{3.3}$$

$$x_1 = \frac{30 f_1}{\sqrt{k_w w_0}} \tag{3.4}$$

式中　f_1——结构第 1 阶自振频率（Hz）；

　　　k_w——地貌粗糙度修正系数；

　　　ζ_1——结构阻尼比。

$$B_z = k H^{a_1} \rho_x \rho_z \frac{\varphi_1(z)}{\mu_z} \tag{3.5}$$

式中　$\varphi_1(z)$——结构第 1 阶振型系数；

　　　H——结构总高度（m）；

　　　ρ_x——脉动风荷载水平方向相关系数；

　　　ρ_z——脉动风荷载竖直方向相关系数。

上述规范求解风振系数均是只考虑结构第一模态，对于一般悬臂型结构，例如框架、塔架、烟囱等高耸结构，高度大于 30m 且高宽比大于 1.5 且可以忽略扭转的高柔房屋，由于频谱比较稀疏，第一振型起绝对影响，此时可以仅考虑结构的第一振型。但本工程为上下两点支撑结构体系，若只考虑第一模态，可能会忽略一些主要贡献模态，宜考虑多振型对结构风振系数的影响。

结构在频域内的风振分析是从随机风荷载功率谱出发来求解结构风振反应，建立输入风荷载谱特性与输出响应之间直接关系，具体步骤为：输入风速功率谱密度函数→求风荷载功率谱→计算结构传递函数→求风激励特征值→计算结构响应均值→计算结构风振动力响应。

根据频域法分析结构风振响应，分别采用规范考虑一阶模态、考虑前 12 阶模态以及考虑接近全模态（51 阶）三种工况，计算各单体风振系数，见图 3.1、图 3.2。

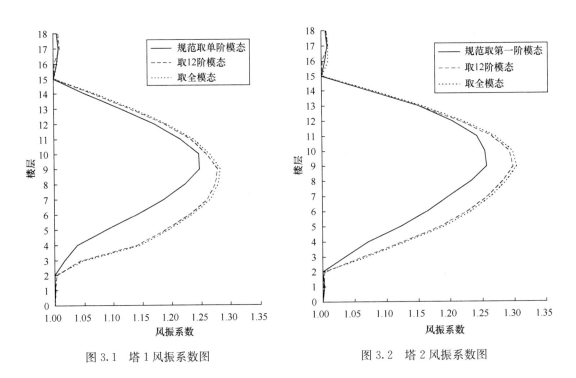

图 3.1　塔 1 风振系数图　　　　图 3.2　塔 2 风振系数图

由图 3.1、3.2 可知，考虑 12 阶模态计算风振系数值大于仅考虑第一阶模态计算的风振系数，特别在底部各层风振系数增大比较明显。这是由于结构底部振动在高阶模态表现明显，其对风振响应的贡献不可忽略。考虑 12 阶模态的计算结果和考虑全 51 阶模态计算风振系数相差不大，误差不超过 2%，满足工程设计要求。故以取 12 阶模态的计算结果作为设计依据。整个建筑第九层风振系数最大，不同于一般悬臂结构风振系数最大值在顶部。由于结构整体刚度较大，故各层风振系数较小，最大风振系数只有 1.30。风荷载非结构控制荷载。

3.3.2　数值风洞分析

常规设计中可以按 B 类地貌考虑本项目地貌环境。主体建筑位于距地面下约 80m 深的地质深坑内，依崖壁建造，建筑外形及所处的地形环境都十分复杂，根据现有规范较难得到准确的风荷载取值。

由于建筑物的几何尺度很大，风洞实验不得不采用缩尺模型，根据流体力学的相似定律，实验模型和原形实物必须满足诸如欧拉数、雷诺数、斯超海尔数、弗劳德数等一系列无量纲数相等的原则。然而实际情况却不可能满足所有的相似规则，常规风洞试验较难精确模拟本工程实际的复杂情况。而数值风洞却可以完全按照 1∶1 的全尺寸模型对建筑物及周边环境进行精细建模，避免了风洞试验只能进行缩尺计算的不足。鉴于此，对该建筑进行数值风洞模拟计算，为主体结构及幕墙等围护结构设计提供准确的风荷载数据。

根据项目特点进行了四次仿真计算：

（1）依据计算得到的风剖面，对拟建项目的场地类别进行标定；

（2）结合当地气象资料，对项目风环境进行数值计算与评估；

（3）为结构整体抗风承载力设计提供八个风向角下建筑物的体型系数和静风压值；

（4）为玻璃幕墙围护结构设计提供幕墙各分块区域的阵风系数和动风压值。

1. 周围地形数值模拟

本工程地形特殊，风速随"坑深"的变化对结构表面风荷载的分布和总体水平都有较大影响，同时，不同方向吹来的风，大气边界层的特性存在一定的差别。因此，通过数值模拟研究项目场地大气边界层的特性。从获得的各个风向角度下的平均风速剖面、湍流度剖面，为后续风环境评估及风荷载计算提供基础。

建立 1∶1 的三维模型，模型以工程所在地为中心，半径 1km 范围，采用计算机三维成形技术生成模型，模拟采用的背景边界为 A 类地貌，测试风向为 8 个，每间隔 45°一个风向。

根据模拟结果可知：

（1）本工程风速剖面与规范中的 B 类地貌基本吻合；

（2）常规设计中可以考虑按 B 类地貌环境，在近地面附近风速和湍流度的计算值均略小于规范数值，由此按 B 类地貌对进行设计，结果将偏安全。

2. 风环境数值模拟

建筑形体复杂、造型独特，近地风的形态以相当复杂的形式依赖于建筑物的尺寸、外形、建筑物间的相对位置以及周围的地形地貌。在一般的气象条件下，区域风环境直接影响着项目所在场地的小气候和人们对环境的舒适感，当遇到大风时，这种影响就会变成灾害，使建筑外墙局部区域的幕墙玻璃或窗扇受到破坏。瞬时改变的风向、突然提高的风速还会使年老体弱者摔倒，使行驶的车辆酿成车祸等。另外，"风谷"、"风穴"等还阻碍了有害气体的高空排放和扩散，使区域的大气污染加剧。

为创造良好的城市环境和舒适的小气候，避免风害的发生，可通过数值模拟进行场地风环境分析，以验证城市规划或建筑设计对环境以及建筑物本身使用功能的影响。

国内外的建筑规范对城市环境的舒适风速和危险风速都没有一个统一的标准，通过大量的现场测试、调查统计和风洞试验，在同时考虑平均风速和脉动风速的情况下，提出了行人的舒适感与风速之间的关系见表 3.2。

风速 V（m/s）	人体感觉
$V<5$	舒适
$5<V<10$	不舒适，行动受影响
$10<V<15$	很不舒适，行动受严重影响
$15<V<20$	不能忍受
$V>20$	危险

风速与人体舒适性　　　　表 3.2

根据调查统计资料：在建筑物周围的行人区，估计平均风速 $V>5$m/s 的出现频率小于 10%，则行人不会有抱怨；如果出现频率在 10% 到 20% 之间，抱怨将增多；如果出现频率大于 20%，则有必要采取补救措施减小风速。另外，行人在气流速度分布非常不均匀的区域活动时，如果在小于 2m 的距离内平均风速变化达 70%（即从较低风速区突然暴露在较高风速中），则人对风的适应能力将大大减弱。对应某一风向，在特定的建筑物周围的流场是固定的，但实测或试验中得到的风速值是随来流速度而变化的，测量具体的风速值在实际应用中意义不大。

速比 R_i 定义为模拟风场中第 i 点处平均风速 V_i 与未受干扰来流高度处平均风速 V_0 之比。即：

$$R_i = V_i / V_0 \tag{3.6}$$

速比一般不随来流风速而变化，是常数值，所以通过速比 R_i 可以计算出建筑物风场内 i 点的实际风速。如图 3.3~3.5 所示，仅列出 0° 风向下 −40m 标高平面速比分布图及风流场矢量图，其他角度风向下各个标高速比分布图及风流场矢量图类似可得。

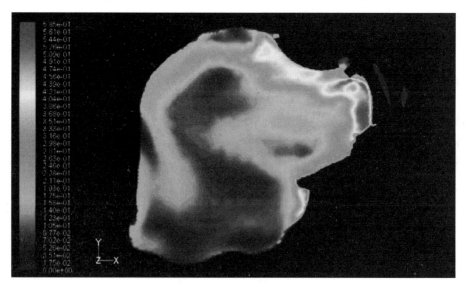

图 3.3　0°风向下 −40m 标高平面速比分布

根据得到的速比分布图及风流场矢量图，可知：

（1）各风向下各个标高位置的速比最大值均未超过 1.4。在未受干扰的情况下，三级气象风速为 5m/s 左右，故以三级气象风的条件来衡量项目的风环境状况。在松江地区最

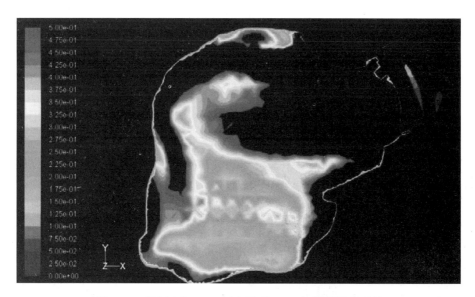

图 3.4　0°风向下－40m 标高平面 0.5m/s 以下风速区域

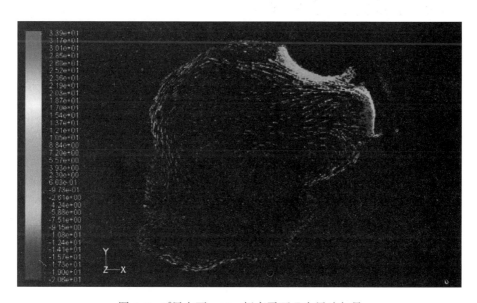

图 3.5　0°风向下－40m 标高平面 Z 向风速矢量

常见的三级风气象条件下，工程所在场地各部位风速最大值都在 5m/s 以下，人体感觉舒适；

（2）从风速小于 0.5m/s 的"淤滞"地带分布来看，松江地区常年所刮概率较大的东南风（夏季）和西北风（冬季）风向下，本工程除－40m～－50m 标高个别楼层外，绝大部分区域的风"淤积"范围都非常小，空气流通顺畅；

（3）从风场流线（风速矢量）图中可以看出，在松江地区夏季所刮概率较大的东南风（225°风向）影响下：在垂直方向，酒店的两幢客房以上升气流为主，两幢客房之间的观光电梯位置以下降气流为主；在水平方向，风向由南北两幢客房向中间观光电梯位置汇集，因此靠近观光电梯附近的客房空气质量会受到一定影响；

（4）在松江地区冬季所刮概率较大的西北风（45°风向）影响下：在垂直方向，从-10m标高开始以下，酒店客房及观光电梯位置都表现为上升气流，建筑内的废气可通过自然通风带出"坑"外；在水平方向，"坑"内酒店附近气流与外界风场反向，主要表现为由东向西方向风，因此西边的酒店客房空气容易受东边建筑的影响。

（5）建筑师可以根据以上分析考虑建筑隔板、开窗等的细部设计。

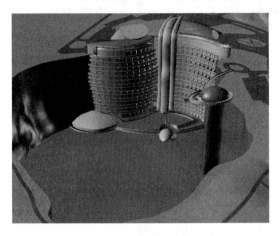

图3.6　三维建筑模型

3. 整体抗风设计数值模拟

计算模型需要考虑周边环境对建筑的影响，因此需要将方圆1公里以内的地貌环境进行整体建模计算，建筑模型采用三维效果模型蒙皮而成，使得计算更贴近结构模型，考虑从0°到315°，间隔为45°的八个风向角下的风荷载。几何模型如图3.6所示。

同传统的风洞试验一样，进行CFD模拟时也需要设置一数值风洞，所不同的是数值风洞模型是1：1的全尺寸模型。同时，通过对称边界条件可以有效减小数值风洞的网格数量。数值风洞长50000m，宽2000m，高462m。数值风洞网格模型如图3.7、3.8所示，图中设计关注的幕墙、屋面等部位网格加密。

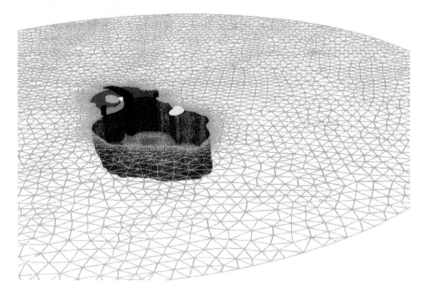

图3.7　数值风洞网格划分

本工程计算8个风向角，即0°、45°、90°、135°、180°、225°、270°和315°，如图3.9所示。

通过数值风洞模拟计算，得到以下对设计具有指导意义的结论：

（1）当酒店结构迎风（315°）时，体型系数约为0.7，小于规范迎风结构体型系数0.8的一般规定。

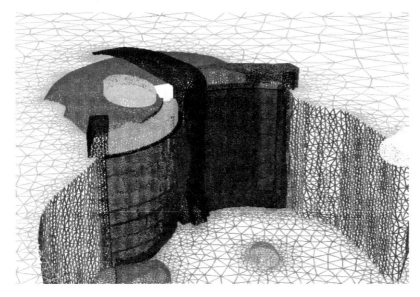

图 3.8 数值风洞网格局部加密

（2）当酒店结构背风（135°）时，体型系数约为−0.8，大于规范背风结构体型系数−0.5的一般规定。

（3）当酒店结构侧风（45°、225°）时，体型系数约为−0.5，小于规范侧风结构体型系数−0.7的一般规定。

（4）由1~3点比较可见，酒店背风时吸风的体型系数较大，但由于此处的高度变化系数均取值为1，因此实际结构所受的风荷载并不大。

（5）从体型系数计算结果可知，"坑"边蹦极中心等建筑屋盖部分区域的体型系数非常大，最大为2.5，部分原因也是由于此处的风压高度变化系数设为1，对于高出地面的建筑的体型系数中包含的风压高度变化系数的放大影响。

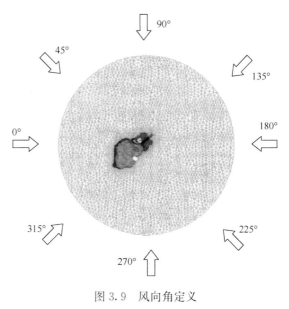

图 3.9 风向角定义

4. 围护结构抗风设计数值模拟

类似整体抗风设计数值模拟，对围护结构抗风设计进行数值模拟。通过数值模拟，给出各风向角下建筑物各部位考虑脉动风后的总风压云图和阵风系数分布图，为围护结构设计提供准确的风荷载数据。

阵风系数是气流紊乱度的一种表现，本工程的阵风系数分布与普通高层建筑有着显著的不同，主要表现为两种极端情况：

（1）"坑"内建筑表面大部分区域的阵风系数非常小。这是由于"坑"内空腔具有能够大量吸收自然风的脉动成分，只留下静力成分的"赫姆霍兹空腔效应"。

（2）局部区域的阵风系数特别大。结合整体抗风设计数值模拟的静力风压分布可知，在这些阵风系数特别大的区域是由于此处的静力风压特别小，因此，根据定义求得的阵风系数在数值上表现得非常大。

3.4　地震作用及参数取值研究

3.4.1　问题的提出

深坑酒店主体结构建造在 80 余米深坑中，建筑立面呈倾斜和弯曲状。主体建筑底部支承在坑底的岩体上，顶部支承在坑口的岩体上，两个支承点立面落差达 80 余米。根据地震波的传播原理，地面地震运动较基底地震运动的峰值加速度、反应谱的地震影响系数等应有放大，上下支承点之间存在多大的幅值差，是否应有相位差？这些都对结构的动力分析及弹塑性分析至关重要。

对于常规悬臂类高层建筑，地震作用动力分析时，地震波输入方式主要为多向单点输入，本工程为上下两点支承结构体系，需考虑多向多点地震输入问题。

3.4.2　多点地震作用分析

深坑酒店主体结构由 20 多榀钢桁架组成，钢桁架一端和坑内的酒店主体结构相连，另一端在下弦部位（B1 层）采用铰接支座支承在坑口的基础梁上，为酒店主体结构提供水平方向约束，坑内及坑口两个支承点之间立面落差达 80 余米。

结构分别支承在坑顶的点 M 和位于坑底的点 N 处，如图 3.10 所示，坑顶和坑底位置、地形及局部地质条件存在一定的差异，因此本工程地震作用同普通的建筑结构有很大的差异。

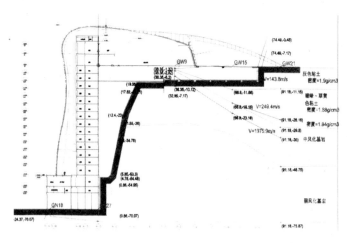

图 3.10　工程场地剖面图

反应谱法这种常用的抗震设计方法不能解决多点输入问题。精确的计算多点输入问题只能采用时程分析法。多点地震输入时程分析的输入激励有两种：一种是将地震地面运动的位移作为动荷载建立关于绝对坐标系的动力平衡方程，称为位移输入模型；另一种是将地面运动的加速度作为动荷载建立动力平衡方程，称为加速度输入模型。

如果采用加速度时程地震波进行多点输入分析时，加速度对时间的积分是速度，加速度对时间的二次积分是位移，现有软件会直接对加速度进行二次积分，并令每次积分的常数项为零。根据积分原理在一次积分时会有一个常数项，加速度对时间的积分是速度并有一个常数项为初始速度，当加速度对时间二次积分就会有初始速度和初始位移这两个常数项，而这两个常数项很难确定，软件计算时并未对积分过程产生的常数项进行修正，从而产生位移漂移。

本工程在坑顶坑底输入安评报告提供的加速度时程曲线进行小震下的时程分析时，坑顶坑底的位移漂移竟达到了 5m，这明显与实际情况不符合。用大质量法采用有限元软件对简化的模型进行多点加速度时程分析，同样产生了坑顶坑底的位移漂移。为了防止低频漂移，中国地震局地壳应力研究所选用了高通滤波器，对位移时程波进行了修正；给出的安评报告中提供了与加速度时程曲线相对应的位移时程曲线，坑底和坑顶位移差很小，小震下不超过 1cm，大震仅为 6cm。因此，和其他仅有相位差的考虑行波效应多点输入不同，本工程进行多点输入时程分析时，无法采用加速度时程曲线，只能输入位移时程曲线。

3.4.3　工程场地地震作用计算

场地地震作用计算，采用大型二维有限元计算软件对图 3.10 所示的工程场地进行动力响应分析。考虑到重点关注的 M 点及 N 点的位置以及边界条件的选取情况，计算模型水平方向取 1020m（坑壁左侧取 120m，右侧取 900m），坑底以下取 100m（坑顶地表与底边界距离 178m）。采用四边形网格进行离散，整体如图 3.11 所示，点 M 与点 N 部位的局部模型如图 3.12 所示。

图 3.11　整体计算模型

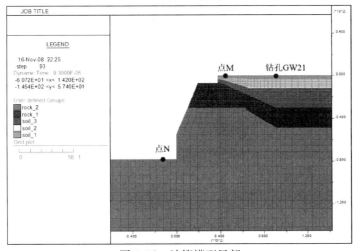

图 3.12　计算模型局部

根据工程勘察资料，计算范围内的工程场地共由 5 种介质构成，参数如表 3.3、表 3.4 所示。

岩（土）层计算参数 表 3.3

序号	土性描述	波速 V_s (m/s)	波速 V_p (m/s)	泊松比	密度 (kg/m³)
1	杂填土	123.8	562.6	0.47	1920
2	灰色黏土	143.8	612.3	0.47	1900
3	暗绿—草黄色黏土	249.4	1220.5	0.47	1880
4	中风化基岩	1975.9	3810.2	0.32	2800
5	弱风化基岩	2326	4485.1	0.32	2800

场地土层反应分析中土体动力非线性特性等效曲线参数 表 3.4

γ（%）	0.0005	0.0010	0.0050	0.0100	0.0500	0.1000	0.5000	1.0000
序号	土体动力剪切模量比 G_d/G_o 值							
1	0.961	0.954	0.902	0.841	0.469	0.289	0.070	0.051
2	0.985	0.979	0.926	0.862	0.551	0.349	0.087	0.063
3	0.995	0.989	0.929	0.870	0.576	0.381	0.098	0.072
4、5	1.000	1.000	1.000	1.000	1.000	1.000	1.000	1.000
	土体动力等效阻尼比 λ 值							
1	0.011	0.013	0.022	0.029	0.080	0.144	0.285	0.298
2	0.009	0.012	0.020	0.028	0.072	0.126	0.263	0.276
3	0.008	0.011	0.019	0.025	0.065	0.114	0.250	0.262
4、5	0.000	0.000	0.000	0.000	0.000	0.000	0.000	0.000

计算采用时域等效线性化法，即通过多次循环迭代，直至土层各单元的剪切刚度、阻尼比与其应变水平相匹配。为提高收敛速度，先利用一维等效线性化方法进行试算，并将计算结果作为二维迭代的初值。

利用数值计算模型，以反演得到的 180m 深度处输入面入射波为输入，计算不同超越概率水平下点 M（43，0.0）和点 N（−12，−78.1）以及钻孔 GW21（注：位置与 GW23 孔相近）地表点（坐标系见图 3.10）的动力响应，研究了不同点的振幅值特性及其相位差。

以水平方向 50 年超越概率 63％的第一条基岩人工波反演得到的入射波为输入为例，进行计算，得到的点 M、点 N 及钻孔 GW21 地表点的加速度、位移时程分别如图 3.13～

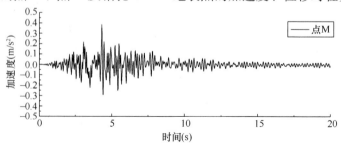

图 3.13 点 M 加速度响应时程

图 3.18 所示。

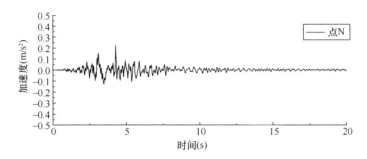

图 3.14 点 N 加速度响应时程

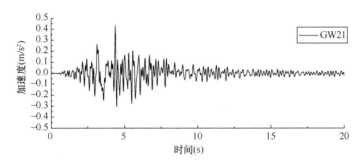

图 3.15 钻孔 GW21 地表点加速度响应时程

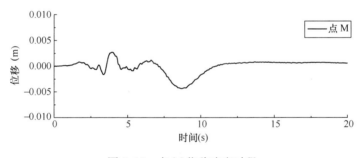

图 3.16 点 M 位移响应时程

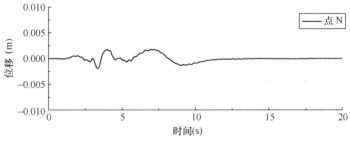

图 3.17 点 N 位移响应时程

点 M 与点 N 的相位差也是工程抗震设计关注的问题，由点 M 与点 N 的加速度响应时程曲线进行傅立叶变换，可以得到两者在不同频率离散点上的相位及相位差，但由于振

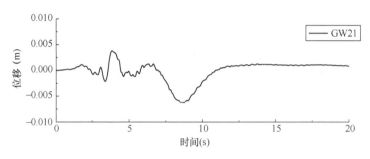

图 3.18　钻孔 GW21 地表点位移响应时程

动能量在频率坐标上并非均匀分布，所以直接得到的相位差并不能真实反映对结构安全造成影响的振动差异。应用 FFT（快速傅氏变换）技术得到点 M 与点 N 的幅值—频率对应关系，并计算各频率点对应的幅值加权系数，即将各频率点对应的幅值除以所有频率点幅

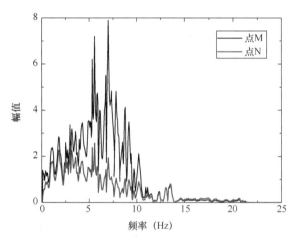

图 3.19　点 M 与点 N 加速度响应幅值谱

值之和。然后将各频率离散点上的相位乘以幅值加权系数，得到加权平均的相位值。这种方法也可以理解为基于能量等效方法将原振动波转化为一个单频正弦波，由于各点响应的卓越频率比较接近，即等效后的正弦波频率可以近似认为相等，因此可以方便的比较各点振动的相位差异。

图 3.19 给出了各点加速度响应的幅值谱，图 3.20～图 3.21 分别给出了各点响应的相位角。计算表明，点 M、点 N 振动的等效相位角分别为180.792° 和 184.569°，则两点相位差

为 3.776°。

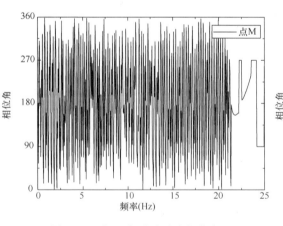

图 3.20　点 M 加速度响应相位角

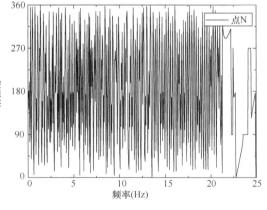

图 3.21　点 N 加速度响应相位角

类似计算可计算其他工况不同时程曲线水平方向计算结果，水平方向计算结果汇总如

表 3.5 所示。

水平方向计算结果汇总 表 3.5

超越概率	不同的时程曲线	峰值加速度（m/s²）			峰值位移（cm）			M 与 N 点相位差（°）
		坑顶部点 M	坑底部点 N	GW21	坑顶部点 M	坑底部点 N	GW21	
50 年 63%	1	0.379	0.226	0.471	0.44	0.20	0.62	3.776
	2	0.316	0.224	0.335	0.35	0.27	0.48	0.571
	3	0.380	0.228	0.435	0.50	0.36	0.68	0.333
	平均	0.358	0.226	0.413	0.43	0.27	0.59	1.560
50 年 10%	1	1.108	0.812	1.264	3.01	1.77	4.47	3.857
	2	1.185	0.812	1.312	2.50	1.25	4.60	3.635
	3	1.218	0.812	1.312	2.98	1.67	4.93	0.577
	平均	1.170	0.812	1.296	2.83	1.56	4.66	2.689
50 年 2%	1	1.772	1.735	1.689	10.89	5.07	17.00	4.447
	2	1.928	1.735	1.853	11.34	5.32	16.75	0.952
	3	1.922	1.735	1.825	12.37	6.02	18.16	2.602
	平均	1.874	1.735	1.789	11.53	5.47	17.30	2.667
100 年 63%	1	0.475	0.342	0.529	1.17	0.53	1.67	1.510
	2	0.472	0.341	0.569	1.23	0.57	1.50	5.627
	3	0.562	0.334	0.614	1.01	0.59	1.45	3.620
	平均	0.503	0.339	0.570	1.14	0.564	1.54	3.585
100 年 10%	1	1.329	1.140	1.394	5.78	2.71	7.93	0.783
	2	1.345	1.140	1.360	5.23	3.63	9.14	1.743
	3	1.278	1.140	1.348	5.61	2.85	9.25	0.117
	平均	1.317	1.140	1.367	5.54	3.06	8.77	0.881
100 年 3%	1	2.058	1.943	1.938	15.39	7.05	21.08	5.751
	2	1.985	1.943	1.968	13.64	6.91	23.05	3.563
	3	2.015	1.943	1.788	14.35	7.13	22.16	2.991
	平均	2.019	1.943	1.898	14.78	7.03	22.10	4.101

对表 3.5 中的数据进行对比分析可以得到如下结论：

（1）随着输入地震动强度的增大，软土层非线性发展程度增大，土体耗能能力增强，导致点 M 的峰值加速度与点 N 的峰值加速度的比值（定义为加速度放大系数）逐渐降低。当输入地震动超越概率为 50 年 63% 时，比值达到 1.58，当输入地震动超越概率为 100 年 3% 时，加速度放大系数已衰减至 1.04。与点 M 相似，钻孔 GW21 地表点的加速度放大系数也是随地震动强度的增大而逐渐降低。当输入地震动超越概率为 50 年 63% 时，放大系数达到 1.83，当输入地震动超越概率为 100 年 3% 时，放大系数已衰减至 0.98。

（2）在各种工况下，计算得到的点 M 和点 N 的等效相位差最大值约为 5°，说明基底输入的地震波经过不同的传播路径达到两点后,相位差别不大,也即两点振动的方向差别较小。

(3) 在同一地震动作用下,坑底地表点 N 与坑顶地表点 M 的加速度响应振幅差最高可达 50% 以上,而相位差很小。综合以上分析,进行建筑物抗震计算时,对分别位于坑底和坑顶部位的支座,应考虑其输入激励的差异,即采用多点输入方法,坑底和坑顶部位分别采用地震安全性评价给出的不同地震加速度峰值和反应谱数据,但多点输入分析时可不考虑相位差别。

同理,竖直方向计算结果见表 3.6。

竖直方向计算结果汇总　　　　　　　　　　　　　　　　　表 3.6

超越概率	不同的时程曲线	峰值加速度（m/s²）			峰值位移（cm）			M 与 N 点相位差（°）
		坑顶部点 M	坑底部点 N	GW21	坑顶部点 M	坑底部点 N	GW21	
50 年 63%	1	0.156	0.105	0.175	0.13	0.05	0.13	0.197
	2	0.156	0.109	0.167	0.13	0.07	0.15	1.188
	3	0.120	0.078	0.138	0.1	0.06	0.13	4.350
	平均	0.144	0.097	0.160	0.12	0.06	0.14	1.911
50 年 10%	1	0.637	0.472	0.673	1.14	0.49	1.53	1.325
	2	0.586	0.467	0.640	1.05	0.47	1.51	1.733
	3	0.58	0.437	0.626	0.92	0.43	1.43	4.027
	平均	0.601	0.458	0.646	1.03	0.46	1.49	2.361
50 年 2%	1	1.285	1.139	1.305	5.01	2.15	7.86	2.231
	2	1.315	1.139	1.395	4.51	1.56	6.57	1.718
	3	1.374	1.174	1.380	4.81	1.75	6.89	8.051
	平均	1.325	1.150	1.360	4.77	1.82	7.11	4.000
100 年 63%	1	0.246	0.177	0.262	0.22	0.15	0.36	4.801
	2	0.256	0.175	0.270	0.28	0.12	0.4	0.996
	3	0.233	0.169	0.267	0.35	0.18	0.47	0.385
	平均	0.245	0.173	0.266	0.29	0.15	0.41	2.060
100 年 10%	1	0.900	0.697	0.914	2.18	0.98	3.33	0.246
	2	0.860	0.697	0.944	2.09	0.89	3.21	0.735
	3	0.827	0.687	0.846	2.75	1.03	3.78	2.370
	平均	0.862	0.693	0.901	2.34	0.97	3.44	1.117
100 年 3%	1	1.459	1.302	1.458	7.25	2.67	10.12	0.900
	2	1.416	1.302	1.513	6.15	2.07	9.56	0.270
	3	1.451	1.302	1.438	5.99	2.26	8.98	0.870
	平均	1.442	1.302	1.470	6.46	2.34	9.56	0.680

对表 3.6 中的数据进行对比分析可以得到如下结论:

（1）随着输入地震动强度的增大，软土层非线性发展程度增大，土体耗能能力增强，导致点 M 的峰值加速度与点 N（位于基岩地表）的峰值加速度的比值（定义为加速度放大系数）逐渐降低。当输入地震动超越概率为 50 年 63％时，比值达到 1.48，当输入地震动超越概率为 100 年 3％时，加速度放大系数已衰减至 1.11。与点 M 相似，钻孔 GW21 地表点的加速度放大系数也是随地震强度的增大而逐渐降低。当输入地震动超越概率为 50 年 63％时，放大系数达到 1.65，当输入地震动超越概率为 100 年 3％时，放大系数已衰减至 1.13。

（2）在各种工况下，计算得到的点 M 和点 N 的等效相位差最大值约为 4°，说明基底输入的地震波经过不同的传播路径达到两点后，相位差别不大，也即两点振动的方向差别较小。

（3）与水平方向振动相比，点 M 和 GW21 点的竖向振动具有如下特点：当地震动强度较低时，竖向加速度放大系数低于水平向，但随着震动强度的加大，竖向放大系数的衰减速度明显低于水平向，因此，竖向加速度与水平加速度峰值的比值也逐渐变大。当输入地震动超越概率为 50 年 63％时，两者比值为 40％左右；当输入地震动超越概率为 100 年 3％时，两者比值达到 70％以上。

（4）在同一地震动作用下，坑底点 N 与坑顶地表点 M 的加速度响应振幅差最高接近 50％，而相位差很小。综合以上分析，进行建筑物抗震计算时，对分别位于坑底和坑顶部位的支座，应考虑其输入激励的差异，即采用多点输入方法，坑底和坑顶部位分别采用地震安全性评价给出的不同的地震加速度峰值和反应谱数据，但多点输入分析时可不考虑相位差别。

应用二维有限差分方法对工程场地进行了地震响应分析，计算了不同超越概率的地震作用下坑底和坑顶部位的地震响应及其差异。计算结果汇总列于表 3.7 中。

计算结果汇总（平均值） 表 3.7

| 超越概率 | 振动方向 | 峰值加速度（m/s²） | | 峰值位移（cm） | | M 与 N 点相位差（°） |
		坑顶部点 M	坑底部点 N	坑顶部点 M	坑底部点 N	
50 年 63％	水平向	0.358	0.226	0.43	0.27	1.560
	竖向	0.144	0.097	0.12	0.06	1.911
50 年 10％	水平向	1.170	0.812	2.83	1.56	2.689
	竖向	0.601	0.458	1.03	0.46	2.361
50 年 2％	水平向	1.874	1.735	11.53	5.47	2.667
	竖向	1.325	1.150	4.77	1.82	4.000
100 年 63％	水平向	0.503	0.339	1.14	0.564	3.585
	竖向	0.245	0.173	0.29	0.15	2.060
100 年 10％	水平向	1.317	1.140	5.54	3.06	0.881
	竖向	0.862	0.693	2.34	0.97	1.117
100 年 3％	水平向	2.019	1.943	14.78	7.03	4.101
	竖向	1.442	1.302	6.46	2.34	0.680

分析表明，无论是水平向还是竖向加速度响应，坑顶地表点 M 和坑底地表点 N 的振幅差最高可达 50% 或以上。因此，进行建筑物抗震计算时，对分别位于坑底和坑顶部位的支座，应考虑其输入激励的差异，即采用多点输入方法，坑底和坑顶部位分别采用地震安全性评价给出的不同的地震加速度峰值和反应谱数据，但多点输入分析时可不考虑相位差别。

3.4.4 地震参数取值

在场地地震反应分析计算结果的基础上，将确定工程场地设计地震动参数。工程场地设计地震动参数包括设计地震动峰值加速度和加速度反应谱。

工程场地设计地震动加速度反应谱取为：

$$S_a(T) = A_{max}\beta(T) \tag{3.7}$$

$$\alpha_{max} = A_{max}\beta_m \tag{3.8}$$

其中，A_{max} 为设计地震动峰值加速度，$\beta(T)$ 为设计地震动加速度放大系数反应谱，α_{max} 为地震影响系数最大值，且有：

$$\beta(T) = \begin{cases} 1 & T \leqslant T_0 \\ 1 + (\beta_m - 1)\dfrac{T - T_0}{T_1 - T_0} & T_0 < T \leqslant T_1 \\ \beta_m & T_1 < T \leqslant T_2 \\ \beta_m \left(\dfrac{T_2}{T}\right)^{\gamma} & T_2 < T \leqslant 12s \end{cases} \tag{3.9}$$

采用上面的公式分别结合地震危险性分析及工程场地地震反应计算得到的 50 年超越概率 63%、10%、2% 及 100 年超越概率 63%、10%、3% 的计算水平向及垂直向地震动加速度反应谱结果，得到相应的拟合曲线，作为工程结构钢桁架支点即位于坑顶土层的点 M 和位于坑底的点 N 处及场地地表水平向与垂直向设计地震动加速度反应谱曲线。

点 M、N、GW21 地表点水平向和垂直向地震动峰值加速度及反应谱参数值详见表 3.8～3.13（仅列出阻尼比 5%）。

点 M 水平向地震动峰值加速度及反应谱参数值（阻尼比 5%）　　　　表 3.8

超越概率值	$T_1(s)$	$T_2(s)$	β_m	γ	$A_{max}(cm/s^2)$	$\alpha_{max}(cm/s^2)$
50 年 63%	0.1	0.25	2.5	1.1	34.5	86.3
50 年 10%	0.1	0.35	2.6	1.1	112.9	293.5
50 年 2%	0.1	0.4	2.6	1.1	183.9	478.1
100 年 63%	0.1	0.3	2.6	1.1	48.5	126.1
100 年 10%	0.1	0.35	2.6	1.1	130.0	338.0
100 年 3%	0.1	0.4	2.6	1.1	198.2	515.3

点 N 水平向地震动峰值加速度及反应谱参数值（阻尼比 5%）   表 3.9

超越概率值	$T_1(s)$	$T_2(s)$	β_m	γ	$A_{max}(cm/s^2)$	$\alpha_{max}(cm/s^2)$
50 年 63%	0.1	0.35	2.25	1.1	22.6	50.9
50 年 10%	0.1	0.45	2.25	1.1	81.2	182.7
50 年 2%	0.1	0.5	2.25	1.1	173.5	390.4
100 年 63%	0.1	0.4	2.25	1.1	33.9	76.3
100 年 10%	0.1	0.45	2.25	1.1	114.0	256.5
100 年 3%	0.1	0.5	2.25	1.1	194.3	437.2

GW21 地表点水平向地震动峰值加速度及反应谱参数值（阻尼比 5%）   表 3.10

超越概率值	$T_1(s)$	$T_2(s)$	β_m	γ	$A_{max}(cm/s^2)$	$\alpha_{max}(cm/s^2)$
50 年 63%	0.1	0.3	2.5	1.0	40.3	100.8
50 年 10%	0.1	0.4	2.5	1.0	124.3	310.8
50 年 2%	0.1	0.5	2.7	1.0	178.3	481.4
100 年 63%	0.1	0.4	2.5	1.0	55.9	140.0
100 年 10%	0.1	0.5	2.6	1.0	139.2	362.0
100 年 3%	0.1	0.5	2.7	1.0	187.4	506.0

点 M 垂直向地震动峰值加速度及反应谱参数值（阻尼比 5%）   表 3.11

超越概率值	$T_1(s)$	$T_2(s)$	β_m	γ	$A_{max}(cm/s^2)$	$\alpha_{max}(cm/s^2)$
50 年 63%	0.1	0.2	2.5	1.2	13.5	33.8
50 年 10%	0.1	0.2	2.6	1.2	58.0	150.8
50 年 2%	0.1	0.2	2.6	1.2	133.0	345.8
100 年 63%	0.1	0.2	2.5	1.2	23.7	59.3
100 年 10%	0.1	0.2	2.6	1.2	84.3	219.2
100 年 3%	0.1	0.2	2.6	1.2	142.3	370.0

点 N 垂直向地震动峰值加速度及反应谱参数值（阻尼比 5%）   表 3.12

超越概率值	$T_1(s)$	$T_2(s)$	β_m	γ	$A_{max}(cm/s^2)$	$\alpha_{max}(cm/s^2)$
50 年 63%	0.1	0.35	2.25	1.1	9.7	21.8
50 年 10%	0.1	0.35	2.25	1.1	45.8	103.1
50 年 2%	0.1	0.35	2.4	1.1	115.0	276.0
100 年 63%	0.1	0.35	2.25	1.1	17.3	38.9
100 年 10%	0.1	0.35	2.25	1.1	69.3	155.9
100 年 3%	0.1	0.35	2.4	1.1	130.2	312.5

GW21 地表点垂直向地震动峰值加速度及反应谱参数值（阻尼比 5%）   表 3.13

超越概率值	$T_1(s)$	$T_2(s)$	β_m	γ	$A_{max}(cm/s^2)$	$\alpha_{max}(cm/s^2)$
50 年 63%	0.1	0.2	2.65	1.1	15.1	40.0
50 年 10%	0.1	0.2	2.65	1.1	62.8	166.4

续表

超越概率值	$T_1(s)$	$T_2(s)$	β_m	γ	$A_{max}(cm/s^2)$	$\alpha_{max}(cm/s^2)$
50 年 2%	0.1	0.2	2.7	1.1	136.5	368.6
100 年 63%	0.1	0.2	2.65	1.1	25.8	68.4
100 年 10%	0.1	0.2	2.65	1.1	88.5	234.5
100 年 3%	0.1	0.2	2.7	1.1	144.4	389.9

地震安全性评价报告提供了 N、M 及 GW21 共 3 点处的地震动参数(包括反应谱、加速度时程曲线及位移时程曲线)。其中坑底 N 点基岩出露;坑顶 M 点覆土层较薄,基岩埋深较浅;坑外远端 GW21 点覆土层较厚,基岩埋深较深。

由于主体结构主要支承在坑底 N 点及坑顶 M 点,坑外远端 GW21 点离主体结构较远,因此地震动参数的选取不考虑坑外远端 GW21 点。结合前述"多点地震计算"分析结果,选取超越概率为 50 年的 M 点地震动参数作为本工程抗震分析设计的依据,并考虑地质情况、场地类别、结构阻尼比和抗震规范的要求,即设防烈度 7 度(0.1g),设计地震分组第一组,$T_g=0.25s$,$\alpha_{max}=0.0863$。

本工程小震作用下结构阻尼比取 0.035。图 3.22 是小震作用下阻尼比为 0.035 的规范反应谱和安评 N、M 及 GW21 反应谱结果对比,在结构前几周期范围内(结构前五阶自振周期为 0.851s、0.838s、0.811s、0.804s、0.732s、0.546s、0.505s、0.451s、0.428s),规范反应谱取值大于安评提供的坑顶 M 点反应谱,因此对结构采用规范反应谱计算来复核是需要的。

通过三维整体模型中选取了一榀典型的二维单榀模型,输入时程波进行了竖向地震时程分析,经比较,时程分析下的构件内力均小于重力荷载代表值的 5% 作用下的构件内力,由此,竖向地震作用标准值取重力荷载代表值的 5%。

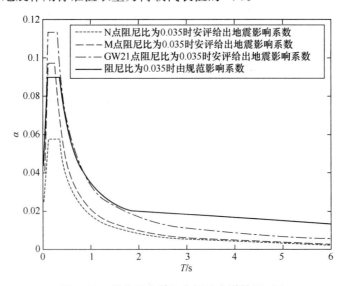

图 3.22 规范反应谱和安评反应谱结果对比

3.5 温 度 作 用

本工程主体结构位于坑内，结构顶部与底部均和岩石基础相连，温度变化会在结构内产生附加应力，因此温度应力成为设计中应该考虑的问题。结构温度荷载主要考虑了冬季月平均气温和夏季月平均气温的变化。根据气象资料，本地区年平均气温约15.7℃，极端最高与最低气温分别为40.2℃和−10.0℃。高温一般出现在7～8月份，平均气温为27.7℃，1～2月份为低温期，平均气温为3.5℃。设定施工阶段（结构合拢）气温为12℃～20℃，考虑整体结构温差为±15℃。同时，考虑到阳光辐射等因素造成结构外表构件与内部构件之间产生局部温差，局部温差会与整体温差一起作用于结构，因此对结构外表竖向构件施加了局部温差±10℃。

3.6 荷 载 效 应 组 合

在弹性阶段抗震设计进行构件承载力验算时，其荷载或作用的分项系数按表3.14，取各构件可能出现的最不利组合进行截面设计。

小震工况荷载组合 表3.14

	荷载组合工况	恒荷载		活荷载		风	水平地震	竖向地震	温度
		不利	有利	不利	有利				
1	恒载＋活载	1.35	1.0	0.7×1.4	0.0	—	—	—	—
2		1.2	1.0	1.0×1.4	0.0	—	—	—	—
3	恒载＋活载＋风载	1.2	1.0	1.0×1.4	0.0	0.6×1.4	—	—	—
4		1.2	1.0	0.7×1.4	0.0	1.0×1.4	—	—	—
5	恒载＋活载＋温度	1.2	1.0	1.0×1.4	0.0	—	—	—	0.7×1.4
6		1.2	1.0	0.7×1.4	0.0	—	—	—	1.0×1.4
7	恒载＋活载＋ 风载＋温度	1.2	1.0	1.0×1.4	0.0	0.6×1.4	—	—	0.7×1.4
8		1.2	1.0	0.7×1.4	0.0	1.0×1.4	—	—	0.7×1.4
9		1.2	1.0	0.7×1.4	0.0	0.6×1.4	—	—	1.0×1.4
10	重力荷载＋水平地震	1.2	1.0	0.5×1.2	0.5	—	1.3	—	—
11	重力荷载＋水平 地震＋风载	1.2	1.0	0.5×1.2	0.5	0.2×1.4	1.3	—	—
12	重力荷载＋水平地震＋ 竖向地震＋风载	1.2	1.0	0.5×1.2	0.5	0.2×1.4	0.5	1.3	—
13		1.2	1.0	0.5×1.2	0.5	0.2×1.4	1.3	0.5	—
14	重力荷载＋水平地震 （中震工况）	1.2	1.0	0.5×1.2	0.5	—	1.3	—	—

参考文献

［1］ 华东建筑设计研究院有限公司．"松江辰花路二号地块"深坑酒店结构抗震超限审查报告［R］. 2010.

［2］ 华东建筑设计研究院有限公司．"松江辰花路二号地块"深坑酒店结构设计中的关键技术研究［R］. 2010.

［3］ 中国地震局地壳应力研究所．上海世茂松江辰花路二号地块地震安全性评价报告和补充报告［R］. 2008.

［4］ 上海现代建筑设计集团技术中心．"松江辰花路二号地块"周围地形数值模拟计算报告［R］. 2008.

［5］ 华东建筑设计研究院有限公司．"松江辰花路二号地块"深坑酒店地震动参数选取［R］. 2010.

［6］ 中华人民共和国建设部．GB 50009—2012 建筑结构荷载规范［S］. 北京：中国建筑工业出版社，2012.

第二篇　主体结构设计研究

第4章　结构多点输入地震作用的分析方法

4.1　两点支承结构体系的力学性能

4.1.1　顶部铰接和顶部滑动两种结构方案的选型

坑内主体建筑在坑顶通过跨越桁架和坑顶相连，首先需要确定跨越桁架与坑顶基岩是铰接连接还是滑动连接。结构方案选型中对两种方案均进行了研究和试算。图4.1是典型楼层结构平面，图4.2是顶部铰接和顶部滑动两种结构方案的简化模型。

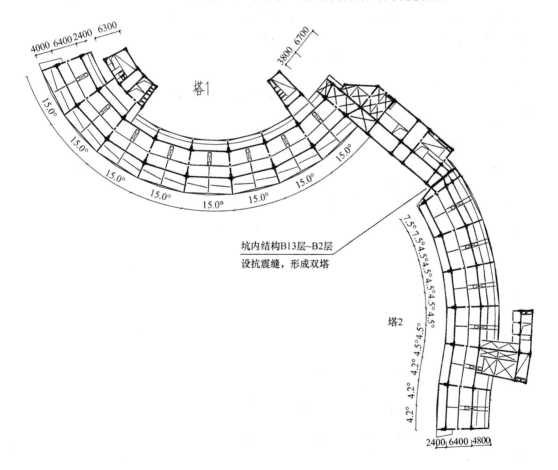

图 4.1　1 号塔和 2 号塔典型楼层平面

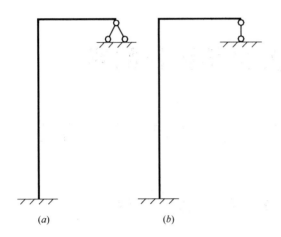

图 4.2 顶部铰接和顶部滑动
连接两种结构方案的简化模型
(a) 顶部铰接；(b) 顶部滑动连接

建筑平面是沿悬崖壁坑边线而布置的"L"形的弯曲狭长平面，结构在地震作用下极易产生扭转。如果跨越桁架在坑顶的支座采用滑动支座，那么结构在地震作用下扭转运动时，各个滑动支座的位移量差别很大，离扭转中心近的滑动支座位移量较小，离扭转中心远的滑动支座的位移量非常大；普通滑动支座难以满足特殊的位移量要求，即使采用限位功能的滑动支座，滑动位移量也远远超过其限位位移。

考虑滑动支座的上述具体问题后，最终选用跨越桁架在坑顶与基岩铰接连接的结构方案。

4.1.2 底部刚接顶部铰接结构体系的力学性能

坑内主体建筑在坑顶通过跨越桁架和坑顶滑动连接的情况下，可近似等效为悬臂梁平面模型。根据俞载道编写的《结构动力学基础》中悬臂梁自振周期理论解，得到 $T_1 = 2.81T^*$，$T_2 = 0.45T^*$，$T_3 = 0.16T^*$；

其中 $T^* = \dfrac{2\pi}{\omega^*} = \dfrac{2l^2}{\pi}\sqrt{\dfrac{m}{EI}}$ 　　(4.1)

自振模态见图 4.3：

坑内主体建筑在坑顶通过跨越桁架和坑顶铰接连接的情况下，可近似等效为一端刚接另一端铰接梁的平面模型。一端刚接另一端铰接梁的自振周期理论解为：

$T_1 = 0.64T^*$；$T_2 = 0.20T^*$，$T_3 = 0.09T^*$；

其中 $T^* = \dfrac{2\pi}{\omega^*} = \dfrac{2l^2}{\pi}\sqrt{\dfrac{m}{EI}}$ 　　(4.2)

自振模态见图 4.4：

图 4.5，图 4.6 分别为悬臂梁模型和一端刚接另一端铰接梁模型由反应谱计算得到的剪力图、弯矩图和变形。

悬臂梁模型的自振周期长，刚度相对较弱；一端刚接另一端铰接梁的自振周期短，刚度相对较强。悬臂梁模型在地震作用下的变形特征是弯曲变形；其

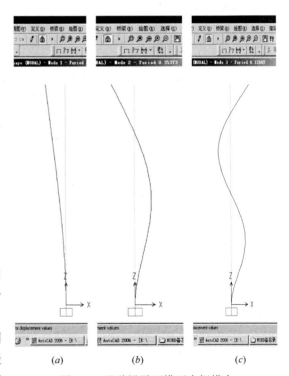

图 4.3 悬臂梁平面模型自振模态
(a) T1；(b) T2；(c) T3

层间位移角大，但位移成分中包含较多的无害位移。一端刚接另一端铰接梁在地震作用下的变形特征是剪切变形；其层间位移角小，但位移成分中包含较多的有害位移。

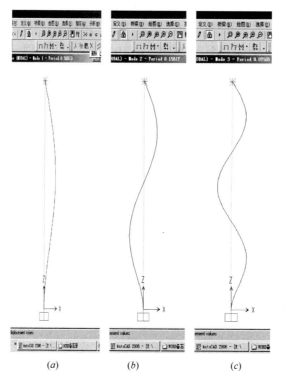

图 4.4　一端固结一端简支梁平面模型自振模态
(*a*) T1；(*b*) T2；(*c*) T3

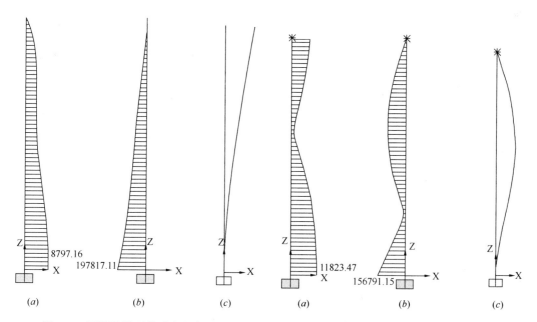

图 4.5　悬臂梁模型的受力和变形
(*a*) 剪力图/kN；(*b*) 弯矩图/kN・m；(*c*) 变形

图 4.6　一端刚接另一端铰接梁模型的受力和变形
(*a*) 剪力图/kN；(*b*) 弯矩图/kN・m；(*c*) 变形

49

悬臂梁模型在地震作用下，底部层间剪力和弯矩最大，自底部至顶部层间剪力和弯矩逐步减小。一端刚接另一端铰接梁模型在地震作用下，中上部层间剪力最小，底部和顶部层间剪力较大；底部和中上部弯矩较大。

4.2 结构多点位移时程输入地震作用的原理和分析方法

4.2.1 多点输入地震作用分析的理论概述

影响地震动传播相关性的因素有四类：

（1）不相干效应（incoherence effect）：地震波从震源传播到两个不同测点时，传质具有不均匀性或者两个不同测点的地震波可能是从线（面）型震源的不同释放的地震波及其不同比例的叠加，从而引起两测点地震动的差异，导致地震动相干性降低；

（2）行波效应（wave-passage effect）：由于传播路径的不同，地震波从震源传至不同测点的时间差异导致相干性降低；

（3）局部场地效应（site-response effect）：传播至基岩的地震波向地表传播时，由测点处表层土局部场地和地形条件的差异，使两测点的地震动相干性降低；

（4）衰减效应（attenuation effect）：由于两测点到震源的距离差异导致相干性降低。

其中衰减效应对相干函数影响很小，可以忽略；而其他三种效应都应在多点激励抗震分析中加以考虑。大跨桥梁和大跨空间结构的多点地震输入分析，通常需要考虑行波效应，有时需要考虑局部场地效应。对于本工程的多点地震输入，坑底坑顶两点水平距离很低，其地震动相关性基本没有行波效应因素，而明显具有局部场地效应因素。

对于多点输入地震反应分析的研究有以下结论："一致地震动激励下的结构响应是高于或低于空间相关地震动（多点输入）激励下的响应，取决于结构的动力特性、截面形式位置，反应类型以及地震动变异的大小。即使最简单的结构形式也无法确定何种激励会引起最大的响应。"因此对于实际结构工程，计算时只能针对具体问题进行具体分析。

多点输入与单点输入地震作用分析有如下不同点：

（1）地震动作用下的结构反应可看成是"支座的相对位移引起的拟静力位移"＋"支座移动产生的惯性力引起的动力位移"。在单点输入问题中，各支座的相对位移为0，不需考虑"相对位移引起的拟静力位移"，"惯性力引起的动力位移"是设计的主要评价指标之一；在多点输入问题中，由于各支座在同一时刻位移并不相同，不存在同一相对参照坐标系，通常不将位移作为设计的主要评价指标。

（2）在单点输入问题中，结构的内力仅与相对反应量有关；而对于多点输入问题，拟静力位移对于超静定结构的内力贡献不可忽略，构件内力是多点输入地震反应分析的主要评价指标。

4.2.2 多点位移输入地震作用相对运动的基本原理

多点地震输入分析的输入激励有两种：一种是将地面运动的加速度作为动荷载建立动力平衡方程，这是我们常用的多点加速度输入分析；另一种是将地震地面运动的位移作为动荷载建立关于绝对坐标系的动力平衡方程，称为多点位移输入反应。

对于集中质量体系，多点地震反应分析的动态平衡方程可写为：

$$\begin{bmatrix} M_{ss} & 0 \\ 0 & M_{bb} \end{bmatrix} \begin{Bmatrix} \ddot{u}_s \\ \ddot{u}_b \end{Bmatrix} + \begin{bmatrix} C_{ss} & C_{sb} \\ C_{bs} & C_{bb} \end{bmatrix} \begin{Bmatrix} \dot{u}_s \\ \dot{u}_b \end{Bmatrix} + \begin{bmatrix} K_{ss} & K_{sb} \\ K_{bs} & K_{bb} \end{bmatrix} \begin{Bmatrix} u_s \\ u_b \end{Bmatrix} = \begin{Bmatrix} 0 \\ R_b \end{Bmatrix} \quad (4.3)$$

式中，$\ddot{u}_s$、$\dot{u}_s$、u_s 分别是非支承处自由度的绝对加速度、速度和位移向量；M_{ss}、C_{ss}、K_{ss} 是非支承处自由度的质量、阻尼和刚度矩阵；$\ddot{u}_b$、$\dot{u}_b$、u_b 分别是支承处自由度的绝对加速度、速度和位移向量；M_{bb}、C_{bb}、K_{bb} 是支承处自由度的质量、阻尼和刚度矩阵。$R_b = M_{bb}\ddot{u}_g$ 是支承反力，$\ddot{u}_g$ 为基础地震加速度。C_{bs} 和 C_{sb} 为阻尼矩阵的耦合项，K_{bs} 和 K_{sb} 为刚度矩阵的耦合项。将公式（4.3）的第 1 行和第 2 行分别展开，并忽略阻尼力 $C_{sb}\dot{u}_b$ 和 $C_{bs}\dot{u}_s$：

$$M_{ss}\ddot{u}_s + C_{ss}\dot{u}_s + K_{ss}u_s = - K_{sb}u_b \quad (4.4)$$

$$M_{bb}\ddot{u}_b + C_{bb}\dot{u}_b + K_{bs}u_s + K_{bb}u_b = M_{bb}\ddot{u}_g \quad (4.5)$$

平衡方程公式（4.4）以下面形式写出：

$$M_{ss}\ddot{u}_s + C_{ss}\dot{u}_s + K_{ss}u_s = - K_{sb}u_b = \sum_{j=1}^{J} f_j u_j(t) \quad (4.6)$$

上式中，每个独立的位移记录 $u_j(t)$ 与空间函数 f_j 相关，此空间函数为刚度矩阵 K_{sb} 中第 j 列的负值。位移记录的总数是 J，每个记录与一个特定位移自由度有关。

4.2.3　多点位移时程输入的特殊性和必要性

在建筑工程领域，多点地震输入分析通常应用于机场、运动场馆等大跨工程中，主要仅考虑行波效应。按 4.2.2 节公式（4.6）的方法进行时程分析，需要输入位移时程波，而常用的工程设计软件仅可输入加速度时程波，不能输入位移时程波，因此常采用"大质量法"来进行加速度时程的动力分析。

大质量法将结构基础假设为多个附着于结构基础或支撑点的具有大质量的集中质量单元 M_0（M_0 一般取结构总质量的 10^6 倍）。结构动力分析时，释放基础运动方向的约束，并在大质量点施加动力时程 $R_b = M_{bb}\ddot{u}_g$ 模拟基础运动。在 4.2.2 节公式（4.5）两侧乘以大质量的逆 M_{bb}^{-1}：

$$\ddot{u}_b \approx \ddot{u}_g \quad (4.7)$$
$$C_{bb}\dot{u}_b + K_{bs}u_s + K_{bb}u_b \approx 0$$

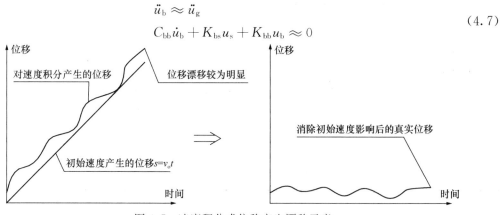

图 4.7　速度积分成位移产生漂移示意

"大质量法"通过大质量与集中荷载的结合来实现加速度边界条件的施加，最大优点是可在常用工程设计软件里实现。"大质量法"属于多点加速度输入分析方法。

采用加速度时程地震波进行多点输入分析时，根据积分原理，加速度的二次积分是位移，而此时的位移有二个不确定的常数项，即有无数组解，必须通过特殊手段来解决。曾用"大质量法"对本工程分析模型进行多点输入时程分析，结果发现计算时并未对积分过程产生的常数项进行修正，从而产生位移漂移，分析结果明显与实际不符。从图 4.7 可以看到速度积分成位移时，初始速度会明显产生漂移，与实际情况明显不符；加速度积分成速度时也同样会产生漂移。用"大质量法"，对本工程坑顶坑底输入安评报告提供的加速度时程曲线进行小震下的时程分析时，坑顶坑底的位移漂移竟达到了 5m，这明显与实际情况不符合。

通常大跨空间结构的地震时程波仅存在相位差，在对大跨结构进行加速度时程输入的多点地震分析时，各支座处产生几乎同样程度的位移漂移，各支座的相对位移仅仅为相位差引起的微小位移差，相位位移很小可以忽略不计，不会对结构产生附加内力。另外，大跨空间结构多点地震分析的加速度波可进行经过高通滤波，来保证积分后位移为零且速度为零，从而消除结构漂移现象。

地震安评报告明确指出，本工程坑底和坑顶部位的地震时程波存在幅值差但无相位差的，且坑底坑顶部位在地震作用下位移之差不断变化。这点和通常大跨工程中存在相位差但无幅值差的时程波有本质上的不同，难以选用合适的高通滤波来得到其加速度时程；因此本工程进行多点输入时程分析时，不能采用加速度时程，不能采用"大质量法"，只能输入多点位移时程。

安评报告提供的与加速度时程曲线相对应的位移时程曲线坑底和坑顶位移差，小震下不超过 1.5cm，大震为 6cm。

表 4.1 对比了多点地震分析不同计算方法在本工程中的适用性。

一致输入和多点输入的比较　　　　　　　　表 4.1

采用方法	一致输入	多点输入
反应谱	适用 理论成熟	不适用 目前理论只适用单反应谱输入
加速度时程	适用	适不用
	理论成熟	目前多采用大质量法计算多点加速度时程激励，此方法为考虑加速度时程的相位差。 对于本工程上下多点加速度时程主要为幅值差，采用大质量法会造成支座节点"偏移"，使计算结果失真
位移时程	可接受 计算结果会有误差	可接受 计算结果误差很小

4.2.4 地震安评报告的地震动参数

地震安全性评价报告提供了坑底 N 点和坑顶 M 点处的地震动参数（包括反应谱、加速度时程曲线及位移时程曲线），具体参见本书第 3.4 节"地震作用及参数取值研究"。

本工程所采用的地震动参数见表 4.2，小震、中震和大震下的一组加速度和位移时程曲线见图 4.8～图 4.19。

安评地震动参数   表 4.2

地震动参数 （阻尼比 0.05）		安评	
		N 点（坑底）	M 点（坑顶）
小震（63%）	T_g（s）	0.35	0.25
	a_{max}（cm/s²）	50.9	86.3
中震（10%）	T_g（s）	0.45	0.35
	a_{max}（cm/s²）	187.2	293.5
大震（2%）	T_g（s）	0.5	0.4
	a_{max}（cm/s²）	390.4	478.1

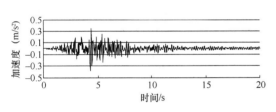

图 4.8 坑顶 M 点小震加速度时程曲线

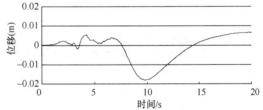

图 4.9 坑顶 M 点小震位移时程曲线

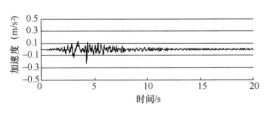

图 4.10 坑底 N 点小震加速度时程曲线

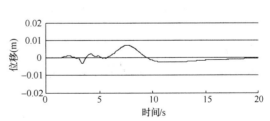

图 4.11 坑底 N 点小震位移时程曲线

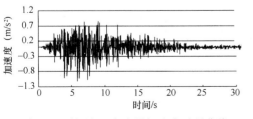

图 4.12 坑顶 M 点中震加速度时程曲线

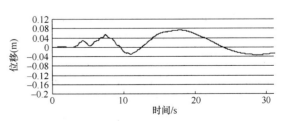

图 4.13 坑顶 M 点中震位移时程曲线

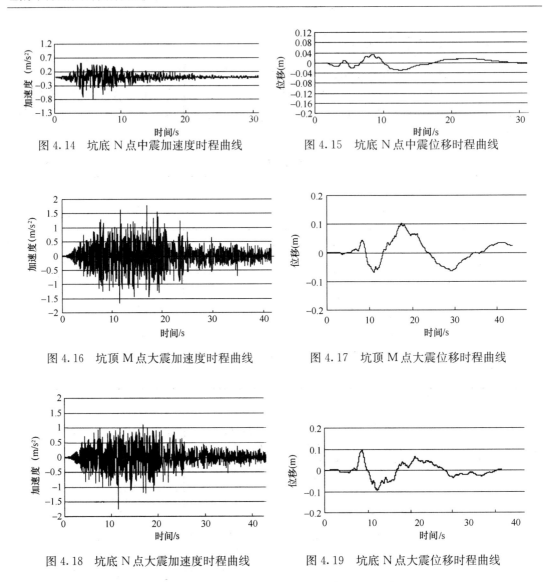

图 4.14 坑底 N 点中震加速度时程曲线   图 4.15 坑底 N 点中震位移时程曲线

图 4.16 坑顶 M 点大震加速度时程曲线   图 4.17 坑顶 M 点大震位移时程曲线

图 4.18 坑底 N 点大震加速度时程曲线   图 4.19 坑底 N 点大震位移时程曲线

4.3 单榀桁架模型多点位移时程地震作用分析

由 4.2 节可知，本工程结构为上下两点支承结构体系，需要考虑有幅值差而没有相位的位移时程多点输入。这会给构件设计带来很大的困难，需要研究适合工程设计的抗震分析方法。

由于建筑平面是沿悬崖壁坑边线而布置的"L"形的狭长平面，在平面中部设置抗震缝，将"L"形的狭长平面分为两个长弧形平面，形成了双塔结构。经过整体计算分析，每个弧形平面的第一自振周期均为径向方向，地震作用下径向变形也较大，为控制方向；长弧形结构平面环向刚度较大，地震作用环向变形较小，不是控制方向。因此，从三维整体模型中抽取径向方向的二维单榀模型（图 4.20），对其进行加速度时程、一致输入位移时程、多点输入位移时程和反应谱输入下的多遇地震反应对比分析，以指导工程设计。

弹性分析软件选用可考虑多点位移时程输入的 ETABS。二维单榀模型在恒活载、地震工况下的轴力见表4.3，杆件编号见图4.21。

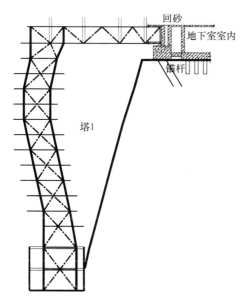

图4.20　典型二维单榀模型

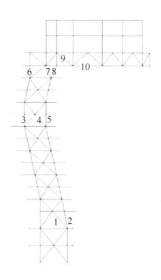

图4.21　杆件编号图

二维单榀模型轴力表　　　　　　　　　　　　　　　　表4.3

工况	杆件	轴力（kN）	与荷载＋活载比（%）	杆件	轴力（kN）	与荷载＋活载比（%）
恒载		−810.6			−5138.2	
活载		−371.5			−2259.6	
安评反应谱		187.5	15.9		304.8	4.1
规范反应谱		263.3	22.3		412.0	5.6
一致加速度时程曲线1		183.7	15.5		228.2	3.1
一致加速度时程曲线2		201.1	17.0		291.1	3.9
一致加速度时程曲线3	1	181.8	15.4	2	280.7	3.8
一致位移时程曲线1		209.1	17.7		267.9	3.6
一致位移时程曲线2		206.9	17.5		295.7	4.0
一致位移时程曲线3		197.3	16.7		323.3	4.4
两点位移时程曲线1		170.0	14.4		768.5	10.4
两点位移时程曲线2		161.9	13.7		713.5	9.6
两点位移时程曲线3		214.9	18.2		774.4	10.5
支座位移（0.016m）		7.0	0.6		608.7	8.2

工况	杆件	轴力（kN）	与荷载+活载比（%）	杆件	轴力（kN）	与荷载+活载比（%）
恒载		−1349.8			−1027.9	
活载		−479.7			−442.2	
安评反应谱		318.4	17.4		87.7	6.0
规范反应谱		462.0	25.3		111.9	7.6
一致加速度时程曲线1		306.5	16.8		89.1	6.1
一致加速度时程曲线2		371.1	20.3		103.6	7.0
一致加速度时程曲线3		269.6	14.7		82.5	5.6
一致位移时程曲线1	3	367.7	20.1	4	88.6	6.0
一致位移时程曲线2		410.4	22.4		127.8	8.7
一致位移时程曲线3		329.4	18.0		82.1	5.6
两点位移时程曲线1		343.5	18.8		132.7	9.0
两点位移时程曲线2		366.8	20.0		160.9	10.9
两点位移时程曲线3		414.5	22.7		151.4	10.3
支座位移（0.016m）		98.5	5.4		97.1	6.6
恒载		−11065.7			−828.9	
活载		−4258.9			−274.8	
安评反应谱		426.6	2.8		71.7	6.5
规范反应谱		643.2	4.2		87.0	7.9
一致加速度时程曲线1		432.7	2.8		73.4	6.6
一致加速度时程曲线2		439.0	2.9		87.9	8.0
一致加速度时程曲线3		436.6	2.8		59.3	5.4
一致位移时程曲线1	5	534.9	3.5	6	80.5	7.3
一致位移时程曲线2		488.9	3.2		112.0	10.2
一致位移时程曲线3		520.7	3.4		90.3	8.2
两点位移时程曲线1		511.2	3.3		135.0	12.2
两点位移时程曲线2		485.6	3.2		133.5	12.1
两点位移时程曲线3		575.3	3.8		151.9	13.8
支座位移（0.016m）		56.5	0.4		96.5	8.7

续表

工况	杆件	轴力（kN）	与荷载＋活载比（%）	杆件	轴力（kN）	与荷载＋活载比（%）
恒载		−2791.2			−4622.3	
活载		−1022.0			−1576.9	
安评反应谱		154.4	4.1		260.5	4.2
规范反应谱		235.5	6.2		360.9	5.8
一致加速度时程曲线1		191.7	5.0		202.1	3.3
一致加速度时程曲线2		195.9	5.1		234.2	3.8
一致加速度时程曲线3	7	172.0	4.5	8	210.4	3.4
一致位移时程曲线1		226.2	5.9		230.4	3.7
一致位移时程曲线2		216.3	5.7		235.9	3.8
一致位移时程曲线3		196.5	5.2		213.9	3.4
两点位移时程曲线1		230.0	6.0		341.4	5.5
两点位移时程曲线2		222.7	5.8		363.0	5.9
两点位移时程曲线3		272.0	7.1		391.7	6.3
支座位移（0.016m）		70.4	1.8		238.0	3.8
恒载		−4054.6			−5161.4	
活载		−1516.8			−2012.2	
安评反应谱		221.1	4.0		298.9	4.2
规范反应谱		310.8	5.6		443.7	6.2
一致加速度时程曲线1		185.1	3.3		324.6	4.5
一致加速度时程曲线2		225.3	4.0		347.0	4.8
一致加速度时程曲线3	9	230.6	4.1	10	351.5	4.9
一致位移时程曲线1		213.3	3.8		401.9	5.6
一致位移时程曲线2		235.8	4.2		393.6	5.5
一致位移时程曲线3		232.5	4.2		383.1	5.3
两点位移时程曲线1		204.8	3.7		410.5	5.7
两点位移时程曲线2		187.2	3.4		500.2	7.0
两点位移时程曲线3		241.7	4.3		537.7	7.5
支座位移（0.016m）		42.4	0.8		248.3	3.5

注：安评反应谱工况为安评报告提供的坑顶M点地震反应谱，规范反应谱工况为抗震设计规范提供的上海地区地震反应谱，一致加速度时程工况为坑底坑顶均采用安评报告提供的坑顶M点加速度时程，一致位移时程工况为坑底坑顶均采用安评报告提供的坑顶M点位移时程，两点位移时程工况为坑底坑顶分别采用安评报告提供的坑底坑顶位移时程。

选取典型杆件1、杆件4、杆件6和杆件7，对其在小震下加速度时程、一致输入位移时程、多点位移时程输入下的轴力进行了对比（图4.22～图4.33）。其他构件时程分析下的轴力变化类似。

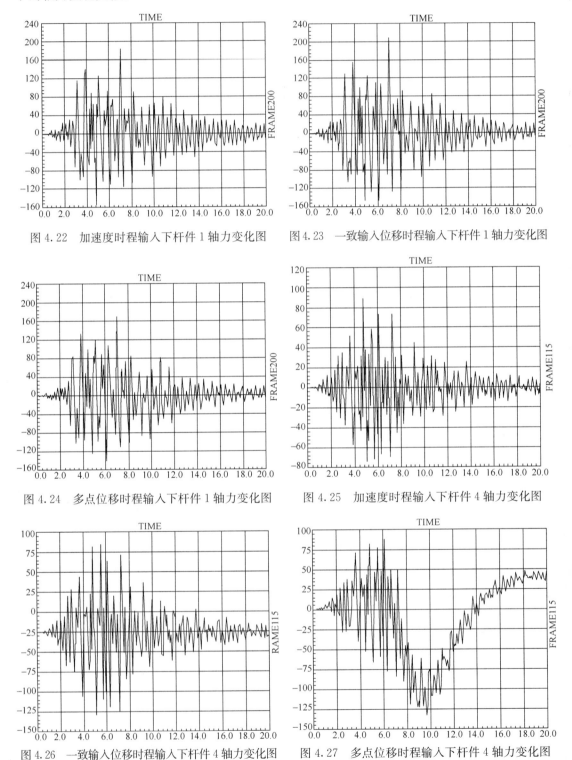

图4.22 加速度时程输入下杆件1轴力变化图　　图4.23 一致输入位移时程输入下杆件1轴力变化图

图4.24 多点位移时程输入下杆件1轴力变化图　　图4.25 加速度时程输入下杆件4轴力变化图

图4.26 一致输入位移时程输入下杆件4轴力变化图　　图4.27 多点位移时程输入下杆件4轴力变化图

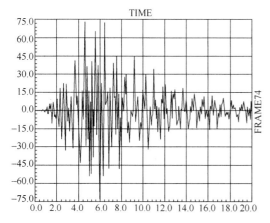

图 4.28　加速度时程输入下
杆件 6 轴力变化图

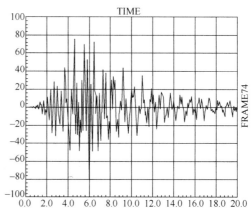

图 4.29　一致输入位移时程输入下
杆件 6 轴力变化图

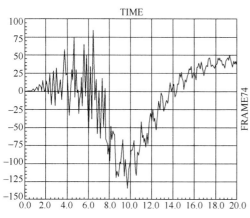

图 4.30　多点位移时程输入下
杆件 6 轴力变化图

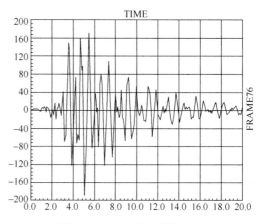

图 4.31　加速度时程输入下
杆件 7 轴力变化图

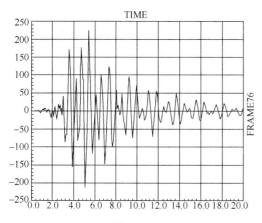

图 4.32　一致输入位移时程输入下
杆件 7 轴力变化图

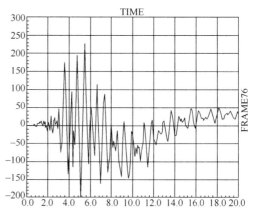

图 4.33　多点位移时程输入下
杆件 7 轴力变化图

分析单榀模型计算结果，可得如下结论：

（1）一致位移时程下杆件内力和安评反应谱以及一致加速度时程下杆件内力接近，验证了位移时程输入的可靠性；

（2）两点位移时程下杆件内力同一致位移时程、一致加速度时程下杆件内力差异明显；两点位移时程下的杆件内力同"一致位移时程＋支座位移"下的杆件内力接近；

（3）"安评反应谱＋支座位移"下的杆件内力基本可以包络两点位移时程下的杆件内力，其中支座位移取安评报告提供的坑顶 M 点和坑底 N 点的峰值位移差。

4.4 工程实用的多点位移输入分析方法

在三维整体模型分析设计中，采用多点输入时程分析工作量极大，难以直接在设计中应用。根据第 3.4 节和第 4.3 节分析结果，整体结构的小震和中震反应谱分析设计，可以以反应谱分析为基础，将安评报告提供的坑顶部位和坑底部位峰值位移差作为附加支座位移荷载输入结构，来修正反应谱分析结果。

整体结构抗震反应谱分析设计按如下步骤操作：

（1）小震、中震反应谱的选取：地震安评报告给出的坑底 N 点反应谱 S_N 小于坑顶 M 点反应谱 S_M，故结构抗震分析采用坑顶 M 点反应谱 S_M。结合前述分析结果，选取 M 点地震动参数作为本工程抗震分析设计的依据，即设防烈度 7 度（0.1g）、设计地震分组第一组、场地类别 II 类，小震下特征周期 0.25s，$\alpha_{max}=0.0863$。

（2）考虑多点输入的影响：取安评报告提供的小震或中震下坑顶部和坑底部峰值位移差作为附加支座位移荷载输入结构中，并将坑顶 M 点反应谱 S_M 和支座位移两部分荷载组合作为本工程的地震作用工况。

（3）采用安评报告提供的 M、N 点大震位移时程曲线进行弹塑性时程分析。具体分析过程见 5.7 节。

参考文献

［1］ "松江辰花路二号地块"深坑酒店结构抗震超限审查报告［R］，华东建筑设计研究院有限公司，2010.

［2］ 刘文华．大跨复杂结构在多点地震动激励作用下的非线性反应分析［D］，北京交通大学，2007.

［3］ 刘枫，肖从真，徐自国等．首都机场 3 号航站楼多维多点输入时程地震反应分析［J］．建筑结构学报，2006，27(5).

［4］ ［美］爱德华．L. 威尔逊著，北京金土木、中国建筑标准设计研究院译．结构静力与动力分析—强调地震工程学的物理方法［R］．中国建筑工业出版社，2006.

［5］ 上海世茂松江辰花路二号地块深坑酒店地震动参数取值咨询意见［R］．上海市城乡建设和交通委员会科学技术委员会，2010.

［6］ 汪大绥，陆道渊，陆益鸣，等．世茂深坑酒店总体结构设计［J］．建筑结构，2011，41(12).

第5章 结构整体计算分析

5.1 分 析 模 型

结构分析分别采用美国 CSI 公司的空间有限元分析软件 ETABS 和韩国 MIDAS IT 公司的 MIDAS Building 软件进行整体计算，结构计算分析模型见图 5.1。采用扭转耦联振型分解反应谱法，考虑双向地震作用来计算结构荷载和多遇地震作用下的内力和位移，并考虑 P—Δ效应，采用弹性时程分析法进行补充验算。

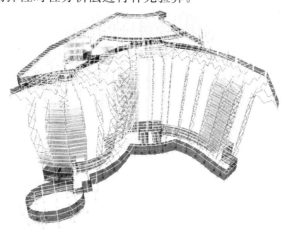

图 5.1 结构整体计算模型

结构振动周期 表 5.1

项目			ETABS（MIDAS）		
			周期	振型形式	扭转与平动第一自振周期之比（T3/T1）
结构基本自振周期（秒）	坑外	T1	0.851（0.807）	Y 向	0.86（0.84）＜0.90
		T2	0.804（0.763）	X 向	
		T3	0.732（0.681）	扭转	
	1 号塔	T1	0.811（0.789）	X 向	0.62（0.66）＜0.85
		T2	0.546（0.559）	Y 向	
		T3	0.505（0.519）	扭转	
	2 号塔	T1	0.838（0.846）	Y 向	0.51（0.51）＜0.85
		T2	0.451（0.456）	X 向	
		T3	0.428（0.433）	扭转	

5.2 模态特性分析

结构坑底坑顶两点支承，而坑内结构又通过抗震缝分成两个子结构，因此结构振型模态分为了坑外部分、坑内1号塔及坑内2号塔的三部分，见表5.1、图5.2～图5.10。结构每个部分前两个周期均为平动振型，结构第一扭转周期与第一平动周期之比均满足规范要求。

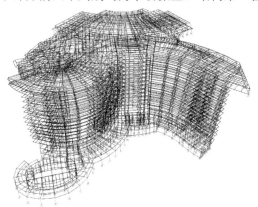

图5.2 坑外部分第一振型（Y向平动）

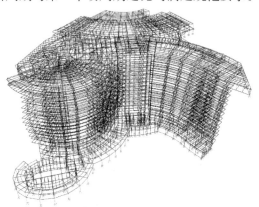

图5.3 坑外部分第二振型（X向平动）

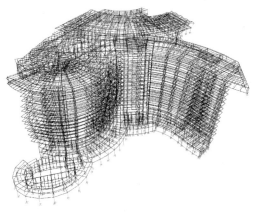

图5.4 坑外部分第三振型（扭转）

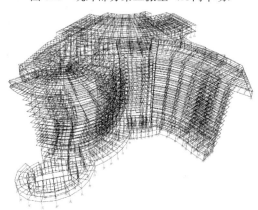

图5.5 1号塔第一振型（X向平动）

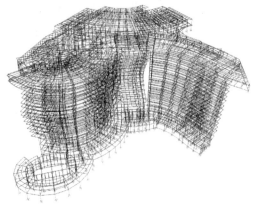

图5.6 1号塔第二振型（Y向平动）

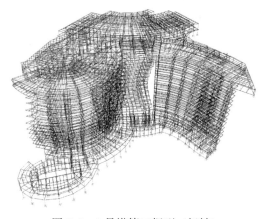

图5.7 1号塔第三振型（扭转）

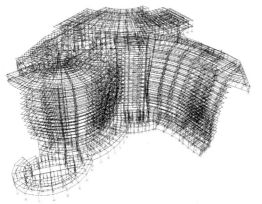

图 5.8　2 号塔第一振型（Y 向平动）　　　图 5.9　2 号塔第二振型（X 向平动）

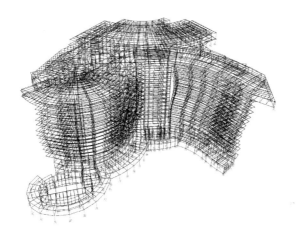

图 5.10　2 号塔第三振型（扭转）

结构层间位移角和扭转效应　　　　　　表 5.2

项　　目		ETABS	MIDAS	规范限值
1 号塔 地震作用下 最大层间位移角	X	1/2701	1/2786	<1/300
	Y	1/2683	1/2791	
2 号塔 地震作用下 最大层间位移角	X	1/2660	1/3698	<1/300
	Y	1/2108	1/2129	
1 号塔 地震下位移比 （偶然偏心）	$\Delta x/\delta x$	1.25	1.25	<1.5
	$\Delta y/\delta y$	1.25	1.21	
2 号塔 地震下位移比 （偶然偏心）	$\Delta x/\delta x$	1.17	1.12	<1.5
	$\Delta y/\delta y$	1.09	1.06	

5.3 多遇地震反应谱分析

5.3.1 层间位移和扭转效应

结构在风荷载、地震（安评反应谱）作用下，楼层层间位移角分别见表 5.2、图 5.11、图 5.12。

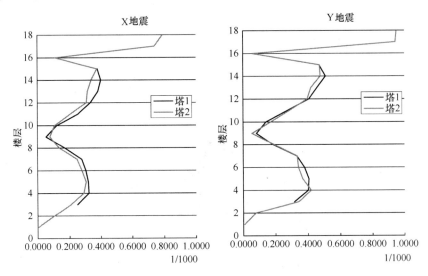

图 5.11 地震作用下楼层层间位移角曲线

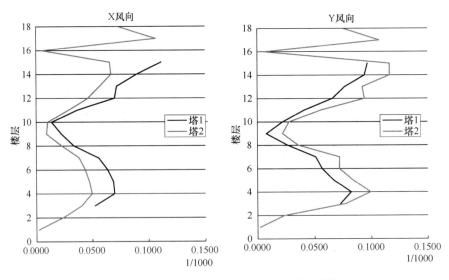

图 5.12 风荷载作用下楼层层间位移角曲线

从图 5.11、5.12 中表明，X 向和 Y 向地震作用下的层间位移角大于风荷载作用下的层间位移角，地震作用对结构侧移起控制作用。在风荷载、地震作用下，结构层间位移角满足规范要求，且有较大的余量。

普通框架-剪力墙或框架-核心筒高层建筑结构，水平荷载作用下层间变形由弯曲变形和剪切变形两部分组成，层间位移角小一般表示结构刚度较大；但本工程水平荷载作用下层间变形主要由剪切变形组成，变形形态和普通高层建筑结构差异很大，层间位移角小并不能代表结构抗侧刚度大。

地震作用下楼层位移见图 5.13，中部楼层位移最大，顶部和底部收到约束位移较小。

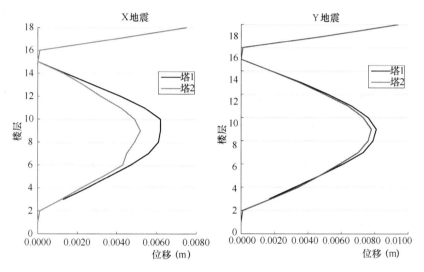

图 5.13　地震作用下楼层位移曲线

结构顶部在坑顶位置被约束，层间位移角很小，其层间位移比可以不考虑，其余结构的楼层层间位移比的最大值大于规范要求的下限值 1.2，但均小于规范要求的上限值 1.5（图 5.14）。

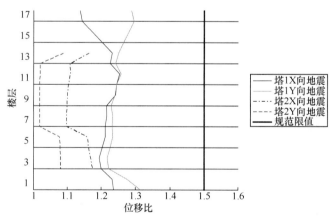

图 5.14　偶然偏心地震作用下位移比曲线

从图 5.11～图 5.13 可见，三维整体结构在地震作用下坑顶和坑底位移较小、层间位移角也较小，但中部位移较大，而层间位移角相对变小了，中部偏上和中部偏下位置层间位移角略大。整体结构的变形特征是剪切变形；其层间位移角小，但位移成分中包含较多的有害位移。结构中部位移最大、层间位移角最小，并不是表明结构中部楼层的刚度较大，而是因为结构变形形态和第 4.1 节中图 4.4 中一端刚接另一端铰接梁平面模型的变形形态相似，体现了上下两点支承结构的受力特性，和普通高层建筑结构"悬臂梁"的受力特性有本质的差别，位移计算结果可靠。

5.3.2 地震楼层剪力和剪重比

结构在多遇地震（安评反应谱）作用下的楼层层间剪力分布见图 5.15。

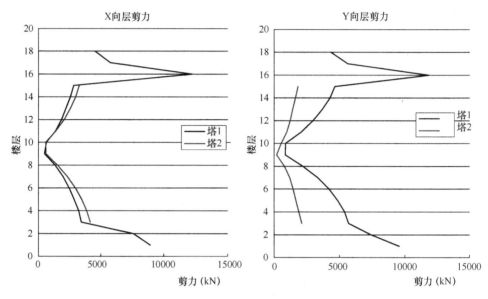

图 5.15 地震下楼层层间剪力曲线

三维整体结构在地震作用下坑顶和坑底层间剪力较大，中部层间剪力较小。结构在地震作用下的力学特性同普通高层建筑结构"悬臂梁"的受力特性差异很大，而同第 4.1 节中一端刚接另一端铰接梁简化模型相似。

抗震规范剪重比是指在某一楼层的地震剪力标准值与其相对应的重力荷载代表值的比值。控制剪重比的目的是为了避免结构刚度偏弱，计算地震力偏小造成储备不足，结构不安全。本工程体系为两点支承结构，坑内各楼层重力荷载引起坑内结构地震响应，且地震剪力向坑顶和坑底两端支座传递。因此，本工程剪重比的统计和普通"悬臂梁"受力特性的高层结构有显著区别，不能直接采用抗震规范中的剪重比统计。

图 5.16 为塔 1、塔 2 楼层地震剪力与剪重比对照图。采用的统计方法为上下两支承

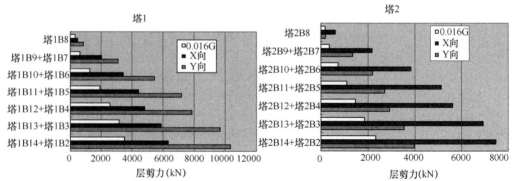

图 5.16 楼层地震剪力与剪重比对照图

点的地震剪力标准值之和与上下两支承点间所有楼层的重力荷载代表值之和的1.6%相对照。可以看到，所有部位均满足规范要求的剪重比控制。

根据一端铰接另一端刚接超静定梁位移法计算结论，在铰接端有一个位移时，位移引起的杆件剪力为常数（详见结构静力计算手册）。故本工程考虑上下两点支承的支座在地震作用下的位移差，此部分引起的楼层地震剪力在各楼层分布较均匀，杆件设计时实际采用的楼层剪力大于规范要求的剪重比限值。

5.3.3　框架承担的地震剪力调整

本工程为钢框架－支撑结构，钢框架作为抗震第二道防线，框架部分按刚度分配计算得到的地震层剪力应乘以增大系数，其值不小于1.15且不小于结构总地震剪力的25%以及框架部计算最大层剪力1.8倍的较小值。

由于为两点支承结构，地震剪力向坑顶和坑底两端支座传递，因此，地震剪力在高区和低区较大，中部较小，且框架比例较低。这个特性符合上下两点支承结构的受力特点。

图5.17～图5.18为楼层总剪力与框架剪力对照图（小震有强迫位移）及楼层小（中）震框架剪力对照图（有强迫位移），坑内框架均按照中震＋强迫位移进行设计，因此均满足规范对框架地震剪力调整的要求。

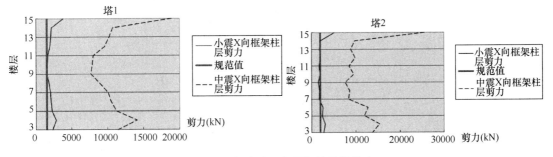

图 5.17　小震下 X 向框架柱承担剪力

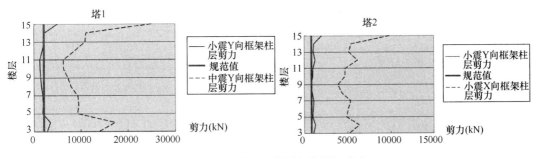

图 5.18　小震下 Y 向框架柱承担剪力

5.4　多遇地震一致输入弹性动力时程分析

在多遇地震作用下一致输入弹性动力时程分析时采用安评提供的坑顶 M 点三组地震波进行结构分析。时程曲线和弹性动力时程分析计算结果分别见图5.19～图5.31。

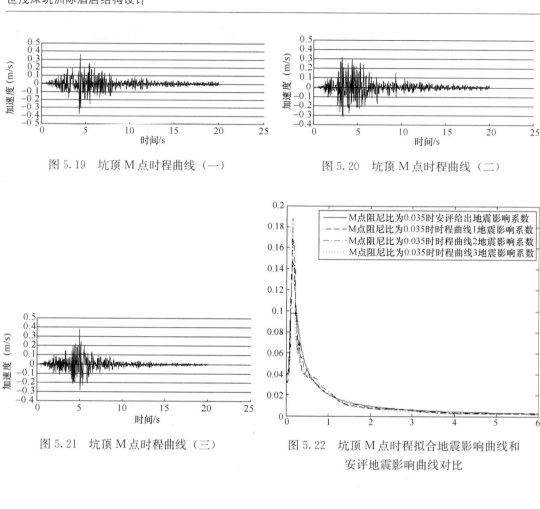

图 5.19 坑顶 M 点时程曲线（一）

图 5.20 坑顶 M 点时程曲线（二）

图 5.21 坑顶 M 点时程曲线（三）

图 5.22 坑顶 M 点时程拟合地震影响曲线和安评地震影响曲线对比

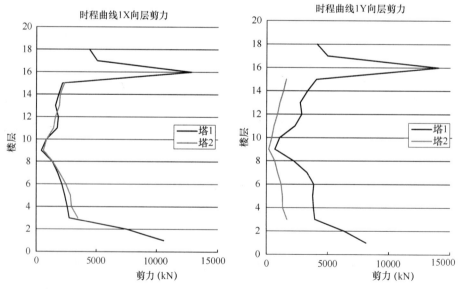

图 5.23 时程曲线（一）楼层剪力曲线

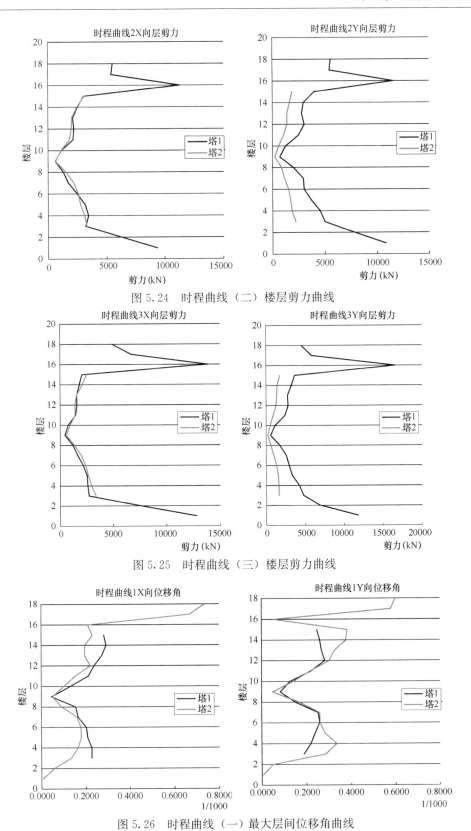

图 5.24　时程曲线（二）楼层剪力曲线

图 5.25　时程曲线（三）楼层剪力曲线

图 5.26　时程曲线（一）最大层间位移角曲线

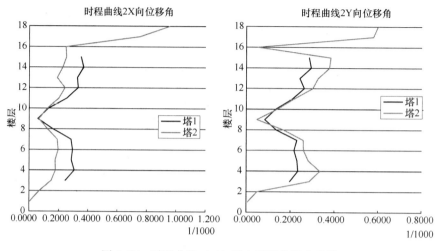

图 5.27　时程曲线（二）最大层间位移角曲线

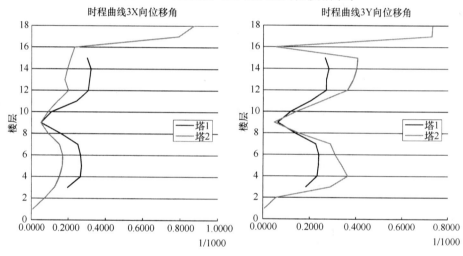

图 5.28　时程曲线（三）最大层间位移角曲线

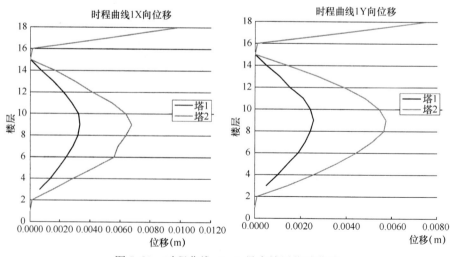

图 5.29　时程曲线（一）最大楼层位移曲线

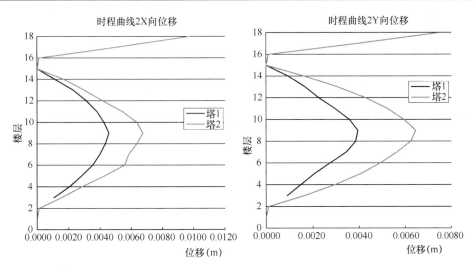

图 5.30　时程曲线（二）最大楼层位移曲线

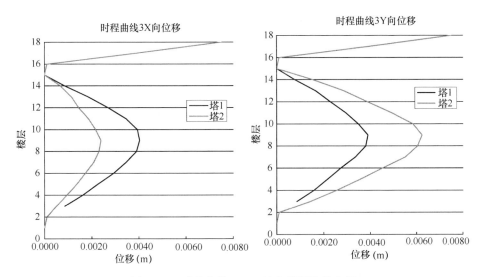

图 5.31　时程曲线（三）最大楼层位移曲线

弹性时程分析结果　　　　　　　　　　　　　　　　表 5.3

结构响应		最大层间位移角		顶部基底剪力（kN）		底部基底剪力（kN）		坑顶时程基底剪力与 CQC 相比（%）		底部时程基底剪力与 CQC 相比（%）	
地震波		X 向	Y 向	X 向	Y 向	X 向	Y 向	X 向	Y 向	X 向	Y 向
人工波 1	1 号塔	1/3423	1/3547	2168	4069	2751	4837	75	88	79	85
	2 号塔	1/5079	1/2652	2928	1600	3471	1881	89	87	83	89
人工波 2	1 号塔	1/2707	1/3398	3043	3975	3209	4979	106	86	92	87
	2 号塔	1/4443	1/2242	3090	1947	3601	2196	93	106	87	104
人工波 3	1 号塔	1/3119	1/3544	2382	4150	2708	4756	83	89	78	83
	2 号塔	1/5150	1/2684	2835	1737	3342	1867	86	95	80	88

续表

结构响应		最大层间位移角		顶部基底剪力 (kN)		底部基底剪力 (kN)		坑顶时程基底剪 力与CQC相比 (%)		底部时程基底剪 力与CQC相比 (%)	
地震波		X向	Y向	X向	Y向	X向	Y向	X向	Y向	X向	Y向
Average	1号塔	1/3083	1/3497	2531	4065	2889	4857	88	88	83	85
	2号塔	1/4892	1/2526	2951	1761	3471	1981	89	96	83	93
CQC	1号塔	1/2701	1/2683	2873	4638	3472	5696	—	—	—	—
	2号塔	1/3715	1/2154	3306	1837	4159	2121	—	—	—	—

由以上图示及表5.3可知：在三组地震波计算下，顶部和底部剪力均大于CQC法的65%，三组地震波分析所得顶部和底部剪力平均值大于CQC法的80%，均满足规范要求。从位移曲线来看，无明显的拐点，结构竖向刚度基本均匀。

5.5 结构整体稳定性非线性分析和人致振动

5.5.1 整体稳定性分析

结构在风荷载或地震作用下产生水平位移，重力荷载将引起结构的P—Δ效应，从而使结构的位移和内力增加，甚至导致结构失稳。因此，高层建筑结构设计中必须对结构的整体稳定性进行评估。

《高层建筑混凝土结构技术规程》（JGJ 3—2010）简称《高规》基于结构整体是悬臂梁形式，通过控制其等效侧向刚度与重力荷载之比即"刚重比"指标，来衡量结构整体稳定性。

本工程结构力学特性是一端刚接另一端铰接梁的模型，而不是通常高层建筑结构悬臂梁的力学特性，《高规》方法不适合本工程这种特殊形式，按规范计算的刚重比指标也缺乏了对应的力学意义。本工程的整体稳定验算，需从稳定性分析理论出发，对结构进行恒活载作用下的特征值屈曲分析来解决。

建立特征方程：$([K]+\lambda[S])\{\psi\}=0$，其中，$[K]$为线弹性刚度矩阵，$[S]$为结构的几何刚度矩阵，$\{\psi\}$为位移特征向量。特征值$\lambda$是根据线性分析得出的一个屈曲荷载值。对应于结构整体的失稳形态，计算出的特征值稳定系数为16.2，可认为结构整体稳定满足要求。

5.5.2 人致振动分析

坑顶跨越钢桁架跨度较大，由于楼面系统的振动引起的舒适度问题也需要足够关注。目前规范中没有相关的内容，参照 AISC 的《人群活动下的楼面振动》（Murray，Allen 和 Ungar，1997年）进行验算，控制楼面振动的固有频率和峰值加速度，采用的标准如下：楼面结构的自振频率不得小于3Hz。国内《城市人行天桥与人行地道技术规范》GJJ 69—95中规定：为避免共振，减少行人不安全感，天桥上部结构竖向自振频率不应小于 3Hz。

对结构的自振周期进行计算，跨越钢桁架第一振动周期为 0.297s（约合 3.37Hz），满足上述标准的要求。

5.6　与常规高层地震分析的差异

由 5.1 节～5.5 节中论述可知，本工程的主体建筑依崖壁建造，结构特性不是普通悬臂梁特征，而是较为特殊的一端刚接另一端铰接梁特征，其力学特性极为特殊，体现如下：

（1）结构自振周期模态与普通高层建筑显著不同。

（2）中部楼层地震作用下楼层剪力小，底部和顶部楼层剪力大；远离中部楼层，楼层剪力逐渐增大。常规高层建筑楼层底部剪力最大。

（3）中部楼层地震作用下结构位移大，底部和顶部楼层位移小。变形以剪切变形为主，楼层层间位移角虽然较小，但层间位移角中有害层间位移角占比较大；而常规高层建筑中无害层间位移角占比较大。

（4）本工程底部和中上部楼层地震作用下弯矩较大，常规高层建筑楼层底部地震作用下弯矩最大。

（5）楼层剪重比、刚度比、刚重比等指标与常规高层建筑结构也有本质的差异。

5.7　罕遇地震下的弹塑性时程分析

为了得到结构屈服后的弹塑性行为和表现，评价结构在罕遇地震作用下的抗震性能，以判定结构是否满足在罕遇地震作用下不倒塌的抗震设计目标，对该结构三维整体模型进行了罕遇地震作用下的弹塑性时程分析，弹塑性时程波采用了位移时程。大震下的地震波由安评报告提供。

5.7.1　钢管混凝土柱在弹塑性分析中的力学性能模拟

采用集中塑性铰模型对带有钢管混凝土柱结构进行了罕遇地震作用下的弹塑性时程分析。

（1）钢管混凝土柱统一理论

钢管混凝土柱塑性铰模型应用了钟善桐教授提出的钢管混凝土统一理论。其理论指出："钢管混凝土可视为统一的一种组合材料，用构件的整体几何特性（全截面面积和抵抗矩等）和钢管混凝土的组合性能指标计算构件的各项承载力，不再区分钢管和混凝土。

钢管混凝土的组合性能指标按下列步骤获得：1）导出钢材和混凝土在多轴应力状态下准确的本构关系全过程数学表达式；2）用有限元法计算得到钢管混凝土在各种应力状态下的荷载、变形全过程关系曲线；3）根据上述全过程曲线，确定极限准则，定出承载力组合设计指标。由于所用材料的本构关系中已经包括钢管和核心混凝土间相互作用的紧箍力效应，确定的组合设计指标中也包含了这种紧箍效应。"

经对各种钢材、混凝土强度等级以及含钢率分析计算得到的数值进行回归，提出钢管混凝土的组合性能指标简化计算公式：

钢管混凝土轴压组合强度标准值 f_{sc}^y

$$f_{sc}^y = (1.212 + B\xi + C\xi^2)f_{ck} \tag{5.1}$$

式中 ξ 为套箍系数；

$$B = 0.1759f_y/235 + 0.974 \tag{5.2}$$

$$C = -0.1038f_{ck}/20 + 0.0309 \tag{5.3}$$

抗压组合模量 $E_{sc} = f_{sc}^p/\varepsilon_{sc}^p$

式中 f_{sc}^p 和 ε_{sc}^p 分别是比例极限应力和比例极限应变。

有了钢管混凝土轴压强度设计值后，直接乘以钢管混凝土构件截面积 $A_{sc} = \pi D^2/4$，即得轴心受压的承载力。

钢管混凝土轴心受拉时，只由钢管承受拉力，轴心受拉组合强度标准值

$$f_{sc}^{yt} = N_t/A_s = 1.1\alpha f_y/1 + \alpha \tag{5.4}$$

式中 α 为含钢率。

轴心受拉组合比例极限和应变分别为 $f_{sc}^{pt} = 0.75f_{sc}^{yt}$，$\varepsilon_{sc}^{pt} = f_{sc}^{pt}/E_s$

抗拉弹性模型 $E_{sc}^{pt} = f_{sc}^{pt}/\varepsilon_{sc}^{pt}$

钢管混凝土抗弯刚度

$E_{scm}I_{sc} = E_s I_s + E_c I_c$，考虑到钢管混凝土受弯时，受拉区混凝土开裂对抗弯刚度的影响，$E_{scm}I_{sc}^0 = k_2(0.6625 + 0.9375\alpha)E_{sc}I_{sc}$。对钢管混凝土采用组合材料进行整体计算时，其抗弯刚度需按上面公式进行修正，根据钢管混凝土统一理论编写的 Excel 计算结果见图 5.32。

对于圆钢管混凝土，其屈服弯矩

$$M_y = 0.89\gamma'_m M'_0 = 0.89\gamma'_m W_{sc} f_{sc}^y \tag{5.5}$$

式中塑性发展系数

$$\gamma'_m = -0.4832\xi + 1.9264\sqrt{\xi} \tag{5.6}$$

轴压比 > 0.2 时，钢管混凝土柱的抗压稳定承载力为

$$\frac{N}{\varphi N_0} + \frac{\beta_m M}{1.071\left(1 - 0.4\dfrac{N}{N_E}\right)M_0} = 1 \tag{5.7}$$

由此，根据钢管混凝土统一理论并考虑了其抗压稳定系数，分别建立了不同截面、不同长细比的钢管混凝土组合材料的恢复力模型，并编写了 Excel 表计算各种钢管混凝土恢复力模型的参数。

根据图 5.32 中的 Excel 表计算结果，在 SAP2000 中，钢管混凝土以组合材料等代换算得到其材料属性后，并对其抗弯刚度进行修正，见图 5.33。

（2）SAP2000 中圆钢管混凝土柱塑性铰的设置

在 SAP2000 中，结构的材料非线性通过离散的塑性铰来模拟，也称为框架非线性铰。SAP2000 给框架单元提供了弯矩（M）、剪力（V）、轴力（P）、轴力和弯矩相关（PMM）

4. 轴心受压本构关系 （基于统一理论）

4.1 标准值

	$\xi =$	1.88	B=	1.23	C=	−0.17
$f_{sc}^y = (1.212 + B\xi + C\xi^2)f_{ck} =$		112.9	N=	26825	kN	

4.2 设计值

	$\xi_0 =$	2.37				
$f_{sc} = (1.212 + B\xi + C\xi^2)f_c =$		87.5	N=	20787.19	kN	

4.3 比例应力应变

$f_{sc}^p = (0.192f_y/235 + 0.488)f_{sc}^y =$	86.9	N=	20652	kN
$\varepsilon_{sc}^p = 0.67f_y/E_s =$	0.001122	$E_{sc} = f_{sc}^p / \varepsilon_{sc}^p =$	77467	

4.4 强化阶段

$E_{sc}' =$	1600.0

总结

点	0点	a点	b点	c点
$\varepsilon =$	0.000000	0.001122	0.003000	0.01
$\sigma =$	0.0	86.9	112.9	124.1

5. 轴心受拉本构关系 （基于统一理论）

5.1 抗拉强度标准值 f_{sc}^{yt}

$f_{sc}^{yt} = 1.1\alpha f^y / 1 + \alpha$	65.9

5.2 抗拉弹性模量

$f_{sc}^{pt} = 0.75 f_{sc}^{yt}$	49.4	$\varepsilon_{sc}^{pt} = 0.825 f_y / E_s =$	0.001382
$E_{sc}^{yt} = f_{sc}^{pt} / \varepsilon_{sc}^{pt} =$	35752.1		

点	0点	a点	b点	c点
$\varepsilon =$	0.000000	0.001382	0.003000	0.01
$\sigma =$	0.0	49.4	65.9	65.9

6. 受弯本构关系 （基于统一理论）

6.1 屈服弯矩计算

$W_{sc} = \pi(r+t)^3 / 4$	1.633E+07	$M_e' = W_{sc}f_{sc}^y =$	1.420E+09	$\gamma_m' =$	1.8
$M_y = 0.89\gamma_m' M_e'$	2.300E+09	N.MM			
$I_{sc} = \pi(r+t)^4 / 4 =$	4491813047		$0.6625 + 0.9375\alpha$	0.859375	

6.2 抗弯弹性模量及压弯构件滞回曲线

n=	5.7222	$\beta =$	0.5476	$\alpha =$	0.210
$k_2 = E_{scm} / E_{sc}$		1.467915026			
$E_{scm}I_e^0 = k_2 E_{sc} * I_{sc}^0 (0.6625 + 0.9375\alpha)$	0.6625 + 0.9375α =	0.859375			
抗弯刚度修正系数为 $k_2(0.6625 + 0.9375\alpha)$		1.261489476			
$M = E_{scm}I_e^0 \phi$	$\phi =$ 5.23873E-06				
其强化阶段刚度 $K_p = \alpha_p K_e$		$n = N / A_{sc} f_{sc}^y =$	0.153		
$\alpha_p = 0.018 + 0.026n - 0.012n^2 =$	0.0217				

7. P-M-M铰参数定义 （基于统一理论）

7.1 抗压稳定承载力，轴压比>0.2时

$M_u = \gamma_m' M_e' = \gamma_m' W_{sc}f_{sc}^y =$	2.584E+09	$N_0 = A_{sc}f_{sc}^y$	26825	$\beta_m =$	1
$\dfrac{N}{\varphi N_0} + \dfrac{\beta_m M}{1.071(1 - 0.4\frac{N}{N_E})M_0} = 1, N_0 = A_{sc}f_{sc}^y, M_0 = \gamma_m W_{sc}f_{sc}^y$		$N_E = \pi^2 E_{scm}I_{sc} / l^2 =$	248698806		
N/N_0	0.153	$M/M_0 =$	0.85679		

7.2 抗压强度承载力，轴压比≤0.2时

$\dfrac{N}{N_0} + \dfrac{M}{1.071 M_0} = 1$			0.90717	

7.3 抗拉强度承载力

$N_t = A_{sc}f_{sc}^{yt}$	15648	$N_t / N_0 =$	0.583
$\dfrac{N}{N_t} + \dfrac{M}{M_0} = 1$	N/N_0 0.117	$M/M_0 =$	0.800

图5.32 根据钢管混凝土统一理论编写的 Excel 表

图 5.33　SAP2000 中钢管混凝土组合材料属性的输入

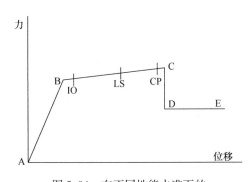

图 5.34　在不同性能水准下的
塑性铰位移限值

四种塑性铰，可以在一根构件的任意部位布置一个或多个塑性铰。梁、柱、支撑等构件在建筑结构遭受地震后产生的无论何种类型铰，都可以用图 5.34 表示。纵轴表示轴力、弯矩、剪力等，横轴表示轴向变形、曲率、转角等，其中 IO（Immediate Occupancy）、LS（Life Safety）、CP（Collapse Prevention）为性能水准点，B 点出现塑性铰，C 点为倒塌点，各性能点所对应的横坐标为相应的弹塑性位移限值。IO、LS、CP 均在 B 点（出现塑性铰）和

C 点（倒塌点）对应的位移限值之间。

圆钢管混凝土柱的两端设置 PMM 铰，PMM 塑性铰的参数采用钟善桐提出的钢管混凝土柱的 N-M 关系曲线和 M-ϕ 恢复力模型。PMM 塑性铰参数步骤如下：

1）定义三维屈服面。根据统一理论和图 5.6.1 中的 Excel 表，计算得到其 N-M 关系曲线（图 5.35）

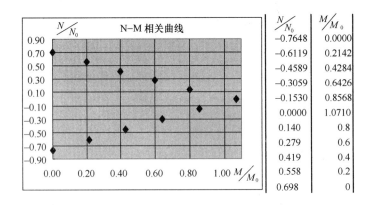

N/N_0	M/M_0
-0.7648	0.0000
-0.6119	0.2142
-0.4589	0.4284
-0.3059	0.6426
-0.1530	0.8568
0.0000	1.0710
0.140	0.8
0.279	0.6
0.419	0.4
0.558	0.2
0.698	0

图 5.35　钢管混凝土柱 PMM 塑性铰的 N-M 关系曲线参数

圆钢管混凝土柱在轴力 P 和双向弯矩 M_1、M_2 的相互作用可用三维屈服面表示，等

效弯矩 $M = \sqrt{M_1^2 + M_2^2}$。将 $N\text{-}M$ 关系曲线从二维转成三维，得到了 SAP2000 软件钢管混凝土柱 PMM 塑性铰定义中的三维屈服面（图 5.36）。

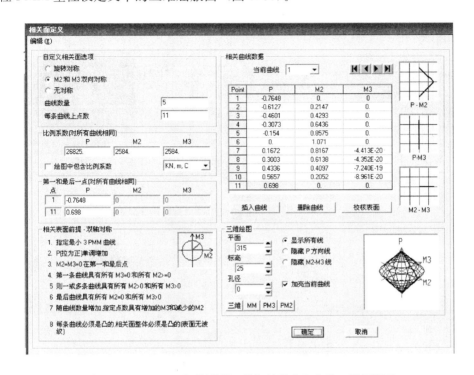

图 5.36　SAP2000 钢管混凝土柱塑性铰定义中的三维屈服面

2）定义 $M\text{-}\phi$ 恢复力模型。采用双线性模型来描述圆钢管混凝土柱 $M\text{-}\phi$ 恢复力模型，其表示了塑性铰的屈服后行为（图 5.37）。此模型主要有三个参数需要确定即弹性阶段刚度 $E_{scm} I_{sc}^0$、屈服弯矩 M_y 和强化阶段刚度 $K_p = \alpha_p K_e$。

于是，根据统一理论和 Excel 计算结果，在 SAP2000 中完成了不同截面、不同长细比的钢管混凝土柱的 PMM 铰定义。

上述 SAP2000 的 PMM 塑性铰定义中是通过 $M\text{-}\phi$ 曲线表示铰的屈服后行为见图 5.38，钢管混凝土柱是作为整体桁架结构的一部分，其轴力 P 很大而弯矩 M 很小几乎可以忽略不

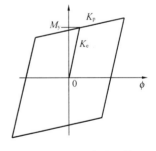

图 5.37　$M\text{-}\phi$ 关系双线型恢复力模型

计，为了更准确的模拟钢管混凝土柱轴力 P 作用下产生塑性铰后的屈服后行为，我们对其在跨中补充设置了轴力铰见图 5.39。轴力铰参考 FEMA-356（美国联邦紧急事务管理署（FEMA）第 356 号文件）第 5 章的内容设置。

（3）SAP2000 中钢梁和钢支撑塑性铰的设置

楼面梁作为承担竖向荷载的构件主要承受弯矩和剪力，可能发生弯曲破坏和剪切破坏，在其两端设弯矩铰，在一端设剪力铰。

支撑主要承担地震剪力引起的轴力，可能发生轴向受拉屈服和受压屈曲，对杆中间位置设 P（轴向）铰，承载力考虑稳定系数的影响。

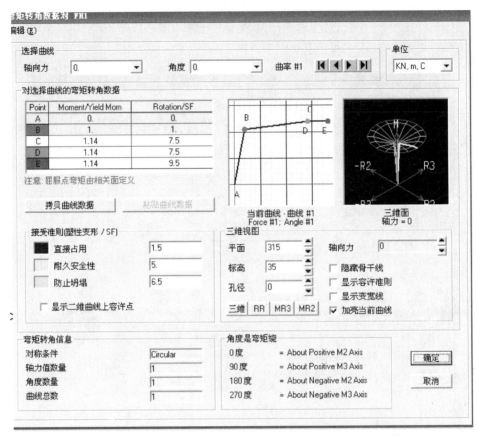

图 5.38　SAP2000 中钢管混凝土柱 PMM 塑性铰 $M-\phi$ 恢复力模型参数的输入

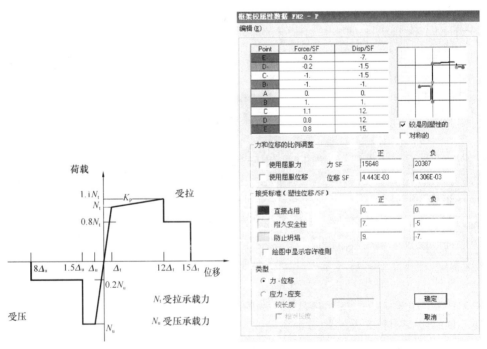

图 5.39　柱轴力铰的荷载-变形特性和参数输入

5.7.2　输入参数

结构弹塑性计算考虑重力荷载代表值的影响，重力荷载代表值取"1.0 恒载＋0.5 活载"。结构阻尼按瑞利阻尼考虑，阻尼比取 5%。结构分析模型采用如下假定：

（1）结构有效质量采用重力荷载代表值对应的荷载水平和质量分布。

（2）坑内结构嵌固在坑内水下部分－54.00m 标高。坑外非主体结构部分删除，相应的荷载加在坑内主体结构上。

（3）材料特性参数根据混凝土规范或钢结构规范取值，强度参数取标准值。

根据安评报告提供的时程波均为人工波。图 5.40～图 5.43 分别是罕遇地震第 3 组地震波下，坑顶点 M 和坑底点 N 的加速度曲线和位移曲线。表 5.4 是大震各组地震波计算结果汇总。

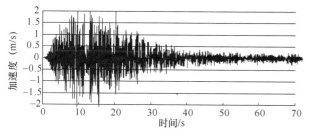

图 5.40　坑顶点 M 大震加速度时程曲线

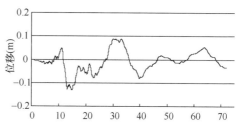

图 5.41　坑顶点 M 大震位移时程曲线

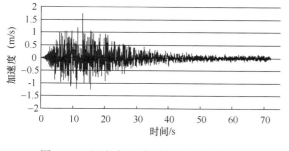

图 5.42　坑底点 N 大震加速度时程曲线

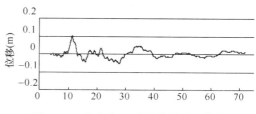

图 5.43　坑底点 N 大震位移时程曲线

大震各组地震波计算结果汇总　　　　　　　　　　　　　　表 5.4

不同组 时程曲线	峰值位移（m）	
	坑顶部点 M	坑底部点 N
第 1 组	0.1089	0.0507
第 2 组	0.1134	0.0532
第 3 组	0.1237	0.0602

每组地震波分别考虑以 X 为主方向（X∶Y＝1.0∶0.85）和 Y 为主方向（Y∶X＝1.0∶0.85）进行两次输入计算，三组地震波，共计六个工况计算。工况 1 为第 1 组地震波 1.0X＋0.85Y，工况 2 为第 1 组地震波 0.85X＋1.0Y；工况 3 为第 2 组地震波 1.0X＋

0.85Y，工况 4 为第 2 组地震波 0.85X+1.0Y；工况 5 为第 3 组地震波 1.0X+0.85Y，工况 6 为第 3 组地震波 0.85X+1.0Y。对于每个地震工况，坑顶点 M 和坑底点 N 同时输入相对应的大震下的位移时程波。

5.7.3 简化单榀模型弹塑性时程初步分析

（1）SAP2000 和 ABAQUS 分析结果

建筑结构弹塑性时程分析软件中，程序默认地震波为加速度时程。为了验证软件位移时程弹塑性分析的可靠性，首先选取了简化单榀模型进行了大震弹塑性时程对比分析，分析软件分别采用 SAP2000 和 ABAQUS。SAP2000 分析模型和塑性铰分布见图 5.44。

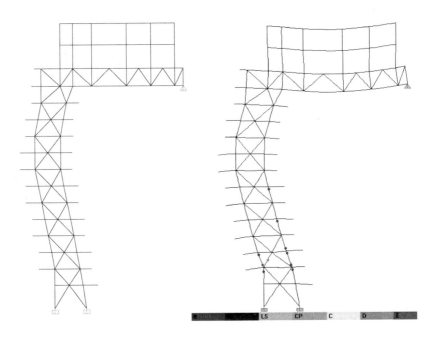

图 5.44　采用 SAP2000 对单榀模型进行弹塑性时程分析的模型和塑性铰分布

对同一模型采用 ABAQUS 进行了弹塑性时程分析。ABAQUS 中钢材模型采用动力硬化模型，考虑了包辛格效应。在循环过程中，无刚度退化。设定钢材的强屈比为 1.2，极限应力对应的应变为 0.025。混凝土材料模型采用弹塑性损伤模型，可考虑材料拉压强度的差异、刚度强度的退化和拉压循环的刚度恢复。

ABAQUS 中钢管混凝土柱构件模型选取纤维单元模型。应用平截面假定，离散一维单元的截面，纤维约束可以是钢材或混凝土材料。梁单元和柱单元均考虑其弯曲和轴力的耦合效应。模型中钢支撑构件为了模拟支撑杆件的受压屈曲性能定义等效受压本构关系。

ABAQUS 分析结果见图 5.45，斜撑首先屈曲失效，周边柱未见屈服。柱在斜撑屈曲后应力突然增大，但未及屈服，最大 240MPa。

由此可见，SAP2000 和 ABAQUS 两种软件进行时程分析时得到的结构薄弱部位位置基本一致。

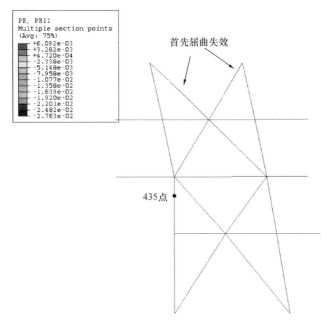

图 5.45　ABAQUS 分析结果

（2）一些讨论

弹塑性时程分析中构件的恢复力模型主要由两部分组成，一是骨架曲线，二是具有不同特性的滞回曲线。骨架曲线是指各次滞回曲线峰值点的连线。滞回环所围成的面积代表了塑性耗能能力，即滞回环越丰满则构件的耗能能力越强。而地震过程中输入结构体系的能量必须与结构体系内部能量的存储、转换和消能相平衡，即

$$E_{in} = E_c + E_h \tag{5.8}$$

式中　E_{in}——地震过程中输入耗能减震体系的总能量；

　　　E_c——主体结构的粘滞阻尼耗能；

　　　E_h——主体结构的弹塑性滞回耗能。

SAP2000 在对梁、柱、支撑进行弹塑性分析时，根据构件材料弹塑性性能，并结合 FEMA356 考虑构件的屈曲稳定特性（本质上即几何非线性性能）来确定正确的结构构件弹塑性骨架曲线，定义构件的塑性铰。SAP2000 的塑性铰定义中仅有骨架曲线，没有滞回曲线，相当于大震时结构构件的刚度会降低，但是卸载只是顺着弯矩曲率曲线原路返回，没有塑性耗能能力。SAP2000 塑性铰用来做弹塑性时程分析结构耗能只有阻尼耗能，没有主体结构的弹塑性滞回耗能，有较为明显的误差，所以是近似的弹塑性时程分析。对于本工程来说，结构大震下大部分构件均为弹性，仅仅少量柱和支撑产生塑性铰，结构构件的塑性耗能能力不强，因此 SAP2000 弹塑性时程分析应用于本工程中误差较小。

ABAQUS 中对于钢材和混凝土均采用了能精确模拟循环特点的本构模型。钢材模型采用动力硬化模型，考虑了包辛格效应；混凝土材料模型采用弹塑性损伤模型，可考虑材料拉压强度的差异、刚度强度的退化和拉压循环的刚度恢复。ABAQUS 计算中构件的恢复力模型包含了骨架曲线和具有不同特性的滞回曲线。但 ABAQUS 计算中构件的骨架曲

线较难考虑构件的屈曲稳定特性的影响，钢管混凝土细长柱的压弯稳定屈曲性能难以反应在弹塑性时程分析中。而本工程钢管混凝土柱长细比较大，屈曲稳定系数可达 0.75，因此采用 ABAQUS 误差相对较大。

鉴于本工程结构构件在大震下仅少量柱和支撑进入塑性和本工程钢管混凝土柱长细比较大的特殊情况，并且考虑到 SAP2000 的误差是偏于安全的，在三维整体模型弹塑性时程分析中，采用了 SAP2000 软件。

5.7.4 三维整体模型多点位移时程输入弹塑性时程分析结果

（1）基底剪力时程和最大层间位移角

塔楼结构在第 5.7.2 节所述六个工况下的基底剪力见表 5.5。

各工况下的最大基底剪力　　　　表 5.5

工况号	X 向		Y 向	
	塔 1 剪力/kN	塔 2 剪力/kN	塔 1 剪力/kN	塔 2 剪力/kN
工况 1	29528	29193	51704	18831
工况 2	25840	31570	47680	20841
工况 3	26478	37001	41523	13316
工况 4	23224	40747	38192	14807
工况 5	33521	41378	39567	13076
工况 6	29473	46007	36319	14309
大震时程工况平均值	28011	37649	42498	15863
小震反应谱（包括支座位移）	6241	7842	8609	3308
大震时程工况平均值/小震反应谱	4.49	4.80	4.94	4.80

注：工况 1～工况 6 见 5.7.2 节所述。

大震各位移时程工况下的平均基底剪力是小震反应谱（包括强迫位移）下的 4.49～4.94 倍。各大震时程工况下，最大层间位移角均在 1/250 以内，远远满足抗震规范 1/50 的限值要求。

（2）竖向构件塑性铰分布

结构在时程工况 1、工况 2 情况下，部分钢管混凝土柱在底层以及顶部和跨越桁架相连部位产生塑性铰，但钢管混凝土柱弹塑性位移限值刚刚超过 B 点限值，在 IO 水准（Immediate Occupancy，立即可用性能水准）以内；基本没有钢支撑和钢梁产生塑性。

结构在时程工况 3、工况 4 情况下，基本上没有构件产生塑性铰。

结构在时程工况 5、工况 6 情况下，部分钢管混凝土柱在底层产生塑性铰，柱弹塑性位移限值在 IO 水准以内；没有钢梁产生塑性；部分钢支撑产生塑性铰，其弹塑性位移限值在 LS 水准（Life Safety，生命安全性能水准）以内，极少数钢支撑发生破坏。图 5.46～图 5.55 是时程工况作用下的塑性铰分布。

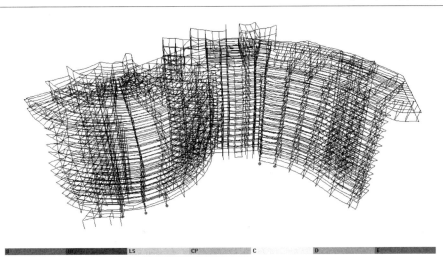

图 5.46　时程工况 1 下塑性铰分布

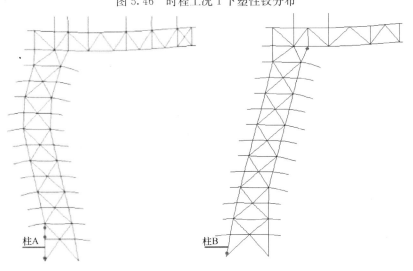

图 5.47　时程工况 1 下典型剖面塑性铰分布

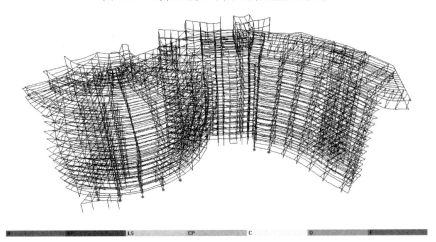

图 5.48　时程工况 2 下塑性铰分布

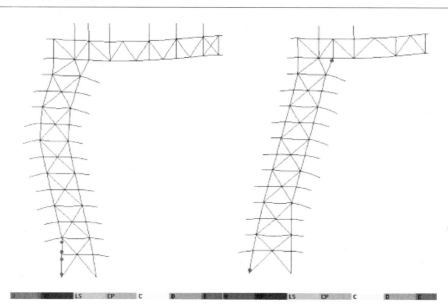

图 5.49　时程工况 2 下典型剖面塑性铰分布

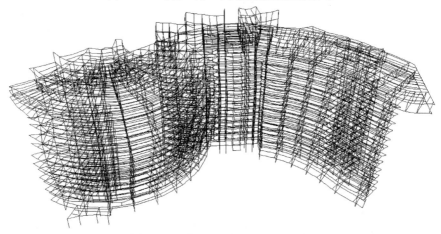

图 5.50　时程工况 3 下塑性铰分布

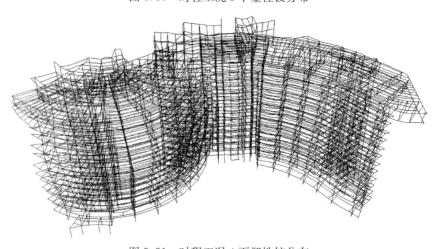

图 5.51　时程工况 4 下塑性铰分布

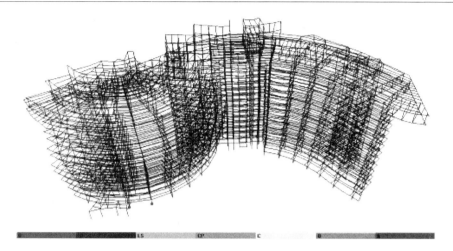

图 5.52 时程工况 5 下塑性铰分布

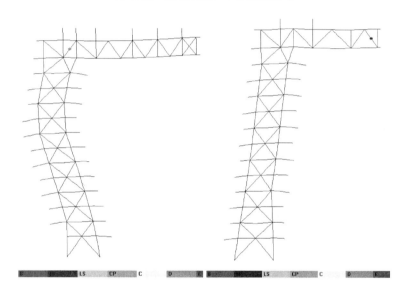

图 5.53 时程工况 5 下典型剖面塑性铰分布

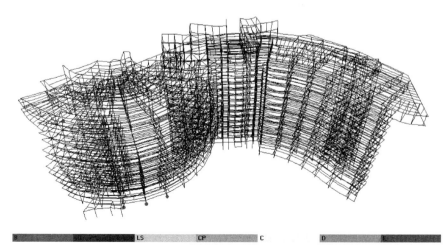

图 5.54 时程工况 6 下塑性铰分布

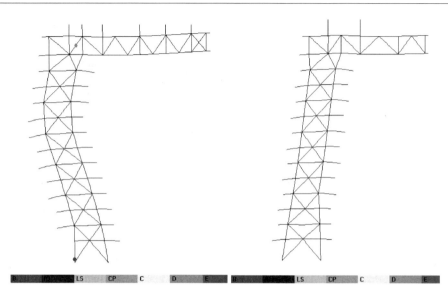

图 5.55　时程工况 6 下典型剖面塑性铰分布

（3）典型杆件应变历程

钢管混凝土柱在 N-M2-M3 三维曲线面上的受压屈服应变大约为 0.12％；通常钢筋和钢材的屈服极限应变为 2.5％，不同长径比的钢管混凝土柱的极限压缩应变均大于 1％。图 5.56、图 5.57 为底层典型钢管混凝土柱在时程工况下的应变历程，其他各钢管混凝土柱的最大塑性应变仅为 0.16％，刚刚超过受压屈服应变 0.12％，远未达到极限压缩应变 1％，可以认为是钢管混凝土柱轻微进入塑性，塑性程度较低。

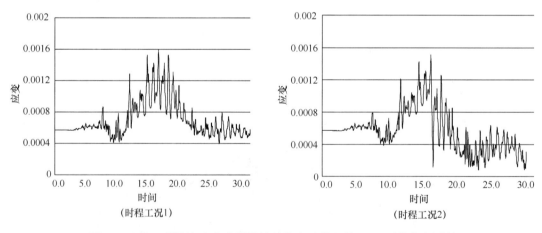

图 5.56　塔 1 底层柱 A 产生塑性铰的柱在时程工况 1、2 下的应变历程

5.7.5　罕遇地震下弹塑性时程分析结论

主体结构为独特的上下两点支承结构体系，与通常考虑行波效应的多点输入不同，本结构的多点输入地震反应分析需要考虑幅值差，所以需要采用位移时程的多点输入。结构中的钢管混凝土柱长细比较大，采用 ABAQUS 软件较难反映柱的屈曲失稳破坏，而采用 SAP2000 根据钢管混凝土柱"统一理论"对其进行模拟，重点分析结构体系在罕遇地震

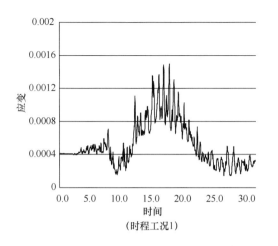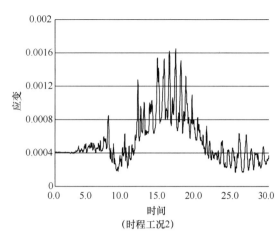

图 5.57 塔 2 底层柱 B 产生塑性铰的柱在时程工况 1、2 下的应变历程

作用下的性能情况能达到：

（1）罕遇地震作用下，结构最大层间位移角为 1/250，远远满足规范限值 1/50 的要求。

（2）大部分的框架柱和钢支撑都处于弹性范围内，局部框架柱和钢支撑形成一定的塑性铰，但塑性程度不高；钢框架梁基本没有形成塑性铰。

（3）结构底层柱以及顶部和跨越桁架相连的柱易产生塑性铰，设计中此处宜进行加强处理。

（4）目前采用的结构体系以及构件尺寸、强度设计均能满足大震作用下结构不倒塌的抗震性能目标。结构在大震作用下的抗震性能要优于"大震不倒"的抗震性能目标。

参考文献

［1］ "松江辰花路二号地块"深坑酒店结构抗震超限审查报告［R］，华东建筑设计研究院有限公司，2010.

［2］ 刘文华. 大跨复杂结构在多点地震动激励作用下的非线性反应分析［D］，北京交通大学，2007.

［3］ 刘枫，肖从真，徐自国等. 首都机场 3 号航站楼多维多点输入时程地震反应分析［J］. 建筑结构学报，2006，27（5）.

［4］ 哈敏强，陆益鸣，陆道渊，等. 世茂深坑酒店结构弹塑性时程分析［J］. 建筑结构，2011，41（12）.

［5］ 钟善桐. 钢管混凝土结构［M］. 北京：清华大学出版社，2003.

第6章 结构性能化设计

6.1 结构超限判别

深坑酒店坑内高度近70m，结构在坑内及崖壁有上下两点支座约束，与常规底部约束结构的受力特点及设计规律显著不同；同时存在平面凹凸不规则、竖向抗侧力不连续（桁架立柱）及多塔等多项超限，为超限工程结构。具体超限内容详见表6.1。

结构超限判别表 表6.1

			规范要求	备 注
结构类型		带支撑钢管混凝土框架		
地下室埋深		嵌固基岩	满足抗滑移；采用岩石基础，控制基础零应力区不超过基础面积的15%	基础采用岩石锚杆（索）及抗剪键等措施满足抗滑移要求
建筑高宽比				本工程两点支承，不会出现倾覆现象，此处可不考虑
长宽比		68/12≈5.7	6	满足要求
平面规则性	扭转规则性	>1.2 <1.5	≤1.2	双向地震计算 并考虑偶然偏心
	凹凸规则性	不规则	≤30%总尺寸	凹凸部位配筋加强，部位区域加设水平钢支撑
	楼板局部连续性	不连续	≤30%楼面面积 ≤50%楼面典型宽度	考虑双向地震作用且开大洞处按弹性楼板分析；在洞口周边设置水平构造桁架加强平面刚度
竖向规则性	侧向刚度规则性	无软弱层	≥70%相邻上一楼层 ≥80%相邻三楼层平均	满足要求
	竖向抗侧力构件连续性	B1层有部分梁上立柱和跨越钢桁架	连续	相关构件按转换构件设计
	楼层承载力突变	无薄弱层	≥80%相邻上一楼层	满足要求
	多塔结构	坑内主体结构在水面层（B14层）和B1层之间设抗震缝分开，形成多塔结构		加大B14层和B1层板厚和配筋，对多塔连接部位进行有限元分析，根据需要设置水平构造桁架

6.2 超限设计的措施及对策

针对本工程的结构超限情况，对结构进行抗震性能设计，从结构体系、关键构件、构造措施等方面进行针对性加强。

6.2.1 确定抗震性能目标

根据本工程特点，提出了以下抗震设计性能目标如表6.2所示。

塔楼结构构件抗震性能目标 表 6.2

地震水平	多遇地震	设防烈度地震	罕遇地震
坑顶支座	保持弹性	保持弹性	不屈服
坑顶转换构件	保持弹性	保持弹性	通过抗震构造措施保证
多塔结构连接部分钢梁	保持弹性	保持弹性	
坑内结构主构件	保持弹性	保持弹性	

6.2.2 优化结构体系

（1）建立多道抗震防线

主体结构采用带支撑钢管混凝土框架结构体系，其中带支撑框架中的框架柱采用了钢管混凝土柱，这是受力性能和经济性均较好的结构构件。这种结构体系提供了多种传力途径，形成了由钢支撑、钢管混凝土柱-钢梁框架等组成的多道抗震防线。

（2）结构平面规则性的调整

坑内各楼层建筑平面两侧均为圆弧形曲线客房单元，如连成整体结构平面将极不规则，结构设计中对平面布置进行优化，将两个圆弧形单元设置抗震缝分开，将坑内建筑分成两个平面相对规则的结构单元。

6.2.3 提高关键构件的安全储备

结构体系中各部位受力的复杂程度和对于结构整体安全性的贡献是不同的，通过对关键部位的设防等级提高和进行高于规范要求的计算分析，可以显著的提高整个结构的安全度。

（1）坑顶支座

结构在坑顶部位受到很强的约束，坑顶支座安全性对整个结构在地震作用下的性能产生很大的影响，因此需要对坑顶支座特别加强安全储备，设计中对支座按"大震不屈服设计"。

支座内力除考虑恒活载等常规组合外，还考虑大震作用（含大震支座强迫位移）下按不屈服进行设计。大震作用（含大震支座强迫位移）下的支座内力按"小震作用（不含小震支座强迫位移）下的支座内力放大6倍＋大震支座强迫位移下的支座内力"考虑。

（2）坑顶转换构件

在坑顶采用钢桁架作为跨越结构支托上部 2 层裙房的部分结构，部分钢桁架为转换构件。转换桁架结构按"中震弹性"进行桁架构件设计，转换桁架上弦所在楼层处相应的楼板加厚到 180mm，并且双层双向配筋。

（3）多塔结构连接部分

结构在地下二层及以下部分被抗震缝分割为两个单体，地下一层及以上部分连成一体，实质上形成了上下支承的双塔结构。设计中多塔结构连接部分钢梁保持"中震弹性设计"，分析模型中连接部分楼板设为弹性板，取带有中震的效应组合进行楼板的设计。

两个连接楼层即地下一层和一层采用加强构造措施，楼板厚度采用 180mm，双层双向钢筋网，每方向配筋率大于 0.4%。

（4）坑内结构主构件

坑内结构竖向构件倾斜，存在一定的 P-Δ 效应，顶部和底部均受到约束，刚度较大，受力特点较为特殊，为了保证结构安全，设计对坑内结构主构件（即柱、支撑、主梁）采取"中震弹性设计"。

（5）结构嵌固端和楼板开洞加强

本工程将嵌固层设在 B1 层和坑底。为了确保能够在该楼层提供足够的水平约束，对其楼板作了全面加厚处理，楼板均采用 180mm 厚现浇钢筋混凝土组合楼板，采用双层双向配筋，保证配筋率不小于 0.4%；对楼板开洞处四周另作特别加强，使其楼板平面内刚度足够将塔楼底层的基底剪力传递至较大范围直至四周的剪力墙和周围的岩体中；确保坑底地下室一层等效剪切刚度大于坑底首层等效剪切刚度的 2 倍。

（6）加强施工监测及结构健康监测

由于结构体型复杂，坑内主要钢架均为弯曲倾斜，虽然要求坑内钢架施工时要进行施工模拟分析，保证施工安全，但还是应在施工过程中监测钢架的变形及构件应力，控制在设计允许的范围内。

坑内结构为两点支承的结构形式，上支座作为不动铰支座，有效减小了坑内结构的内力和变形；相反，坑内结构对上支座的变形较为敏感，由于地震、岩石蠕变及人为活动等因素造成边坡在坑顶支座处的位移将对结构产生不利影响。因此，除边坡设计采取必要的工程措施，保证边坡的稳定性，满足边坡坑顶的位移限值外，还应在施工阶段及建筑物使用过程中加强边坡坑顶处位移监测以及坑内主要构件的应力监测，建立报警制度。

6.3 主框架竖向构件内力分布规律

选取抗震缝两侧典型酒店主框架进行各荷载工况下内力分布规律研究，如图 6.1 所示。

考虑到主框架为类似桁架的结构体系，构件主要内力以轴力为主。以左侧塔 1 主框架为例，列出各荷载工况下各荷载工况的轴力计算结果，如表 6.3 所示，研究轴力分布的规律，右侧柱框架结构的规律基本类似。

由表 6.3 可以得到如下规律：

表6.3

塔1各荷载工况下竖向构件轴力计算结果

杆件 1～6：

工况	杆件	轴力(kN)	与(恒载+0.5活载)比	杆件	轴力(kN)	与(恒载+0.5活载)比	杆件	轴力(kN)	与(恒载+0.5活载)比	杆件	轴力(kN)	与(恒载+0.5活载)比	杆件	轴力(kN)	与(恒载+0.5活载)比	杆件	轴力(kN)	与(恒载+0.5活载)比
恒载	1	−789		2	−8347		3	−1544		4	−5824		5	−382		6	−2581	
活载		−146			−2114			−386			−1761			−120			−1042	
恒载+0.5活载		−871	100.00%		−9404	100.00%		−1737	100.00%		−6704.5	100.00%		−442	100.00%		−3102	100.00%
温度(±25/15)(±)		353	40.53%		699	7.43%		164	9.44%		159	2.37%		160	36.20%		434	13.99%
小震安评反应谱(±)		468	53.73%		873	9.28%		467	26.89%		335	5.00%		64	14.48%		542	17.47%
小震规范反应谱(±)		517	59.36%		981	10.43%		527	30.34%		381	5.68%		68	15.38%		619	19.95%
小震支座位移(0.02m)		83	9.53%		659	7.01%		244	14.05%		191	2.85%		168	38.01%		−405	13.06%
风荷载		−135	15.50%		−227	2.41%		−119	6.85%		84	1.25%		7	1.58%		158	5.09%
中震安评反应谱(±)		1706	195.87%		3307	35.17%		1785	102.76%		1298	19.36%		217	49.10%		2130	68.67%
中震支座位移(0.1m)		418	47.99%		3296	35.05%		1228	70.70%		955	14.24%		841	190.27%		2029	65.41%

杆件 7～12：

工况	杆件	轴力(kN)	与(恒载+0.5活载)比	杆件	轴力(kN)	与(恒载+0.5活载)比	杆件	轴力(kN)	与(恒载+0.5活载)比	杆件	轴力(kN)	与(恒载+0.5活载)比	杆件	轴力(kN)	与(恒载+0.5活载)比	杆件	轴力(kN)	与(恒载+0.5活载)比
恒载	7	−1005		8	−1340		9	525		10	−1522		11	1194		12	−2580	
活载		−392			−475			−26			−291			395			−592	
恒载+0.5活载		−1201	100.00%		−1577.5	100.00%		512	100.00%		−1667.5	100.00%		1391.5	100.00%		−2876	100.00%
温度(±25/15)(±)		1220	101.58%		189	11.98%		556	108.59%		190	11.39%		374	26.88%		376	13.07%
小震安评反应谱(±)		338	28.14%		84	5.32%		236	46.09%		207	12.41%		272	19.55%		290	10.08%
小震规范反应谱(±)		367	30.56%		102	6.47%		267	52.15%		265	15.89%		343	24.65%		364	12.66%
小震支座位移(0.02m)		−1049	87.34%		196	12.42%		−233	45.51%		−43	2.58%		−69	4.96%		35	1.22%
风荷载		−92	7.66%		13	0.82%		−10	1.95%		−29	1.74%		25	1.80%		−37	1.29%
中震安评反应谱(±)		1180	98.25%		310	19.65%		818	159.77%		784	47.02%		1019	73.23%		1084	37.69%
中震支座位移(0.1m)		5256	437.64%		983	62.31%		1116	217.97%		−216	12.95%		−347	24.94%		175	6.08%

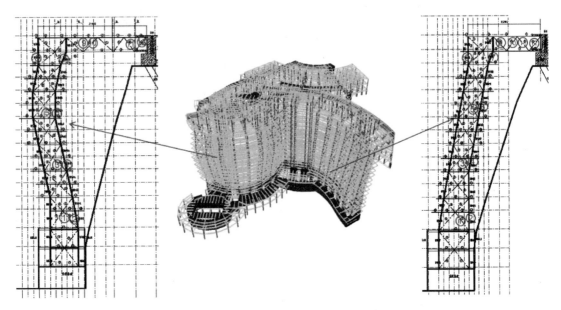

图 6.1　左侧塔 1 与右侧塔 2 主框架示意图

　　钢管柱与钢支撑构件重力荷载产生的内力占较大比例，超过半数的钢管柱及柱间支撑控制荷载为重力荷载；部分杆件的控制荷载为中震弹性，但重力荷载仍有较高比例；风荷载内力占比很小。

　　主框架钢管柱及柱间支撑等构件在重力荷载下内力分布规律将对构件截面的设计有关键意义。主框架折线形结构构件的内力规律将着重以竖向荷载作用为主。

参考文献

[1]　华东建筑设计研究院有限公司. "松江辰花路二号地块"深坑酒店结构抗震超限审查报告 [R]. 2010.

[2]　华东建筑设计研究院有限公司. "松江辰花路二号地块"深坑酒店结构设计中的关键技术研究 [R]. 2010.

[3]　上海世茂松江辰花路二号地块深坑酒店地震动参数取值咨询意见 [R]. 上海市城乡建设和交通委员会科学技术委员 2010.

第7章 折线形带斜撑钢框架设计研究

7.1 结构体系的特点

深坑酒店坑内建筑依崖壁建造，坑内各楼层建筑平面中部为竖向交通单元，两侧均为圆弧形曲线客房单元。坑内建筑平面狭长且呈"L形"，为合理控制位移比等参数，设计时将竖向交通单元和左侧圆弧形曲线客房单元连成整体，与另一侧圆弧形曲线客房单元通过设置抗震缝分开，将坑内建筑分成两个平面相对规则的结构单元。

两侧圆弧形曲线客房单元沿径向的竖向剖面也呈现不同的折线形态，如图7.1所示；主体结构下部坐落于坑底基岩上，上部与坑顶基岩及部分裙房相连。地下至水面的建筑形成了双塔的结构形式，但在地面以上又连成整体。

坑内主体结构采用了折线形弯曲带支撑的钢框架，抗震缝两侧的弯曲形态也不相同；同时考虑到结构上、下两点支承的特殊情况，结构体系的受力特点与一般高层建筑结构完全不同，结合主框架的弯曲结构形态以及上下两点约束的结构特点，对深坑酒店主框架框架柱、柱间支撑、主框架梁以及跨越桁架等关键构件的受力特点以及设计方法进行了分析研究是十分重要的。

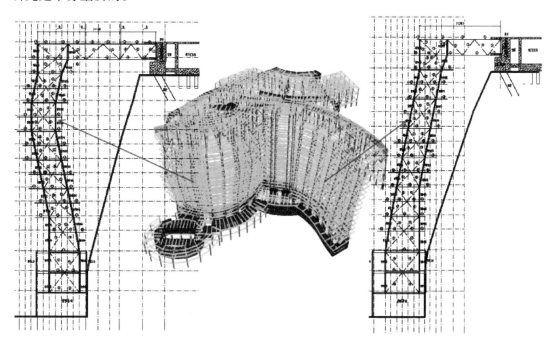

图 7.1 深坑酒店柱框架折线形立面示意图

7.2 酒店框架柱分类

深坑酒店框架柱包括地面以下酒店及电梯井附近的钢管混凝土柱以及地面以上钢结构裙房的纯钢结构柱，如图7.2所示。

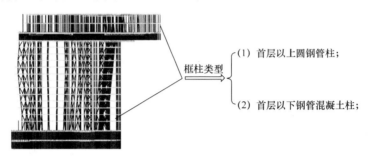

图 7.2 深坑酒店框架柱类型

深坑酒店坑上首层以下钢管混凝土柱包括酒店客房区域的钢管混凝土柱以及电梯井等区域的钢管混凝土柱，如图7.3所示。

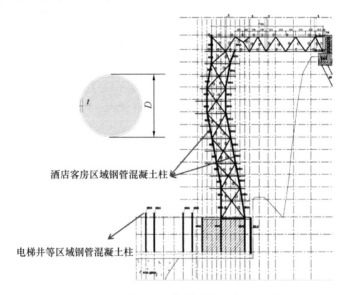

图 7.3 坑上首层以下钢管混凝土位置示意图

在酒店客房区域，钢管直径根据建筑要求控制在600mm。在水下客房区域框架柱，采用在钢管混凝土柱外面外包150mm厚混凝土的叠合柱方案，主要叠合柱外径为900mm，如图7.4所示。

7.2.1 钢管混凝土柱径厚比控制

为了降低圆钢管加工的难度，钢管混凝土柱的径厚比控制 D/t（如图7.5）在25mm左右。酒店客房区域柱外径保持600mm不变，控制钢管壁厚最大25mm，最小壁厚20mm，则最小径厚比600/25＝24，最大径厚比600/20＝30；相对较少的电梯井角部钢管混凝土柱外径取值为 550mm，但控制钢管壁厚最大 25mm，最小 22mm，最小径厚比 550/25＝22，最大径厚比 550/22＝25。

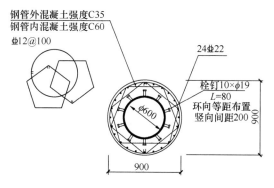

图 7.4　水下客房区域叠合柱截面示意图

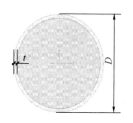

图 7.5　钢管混凝土柱截面的直径、壁厚示意图

7.2.2　坑内局部异形钢管混凝土柱设计研究

因建筑对柱直径的严格控制，个别区域由于折角处应力集中，局部钢管混凝土柱内力很大，根据《钢管混凝土结构技术规程》CECS28：2012 规范验算时应力比较高（接近 1.0），同时考虑施工模拟等工况下对局部框架柱应力的不利影响，在不影响建筑的使用功能的前提下，考虑到与柱间支撑的连接可行性，充分利用隔墙进行异形柱截面的设计，如图 7.6 所示。

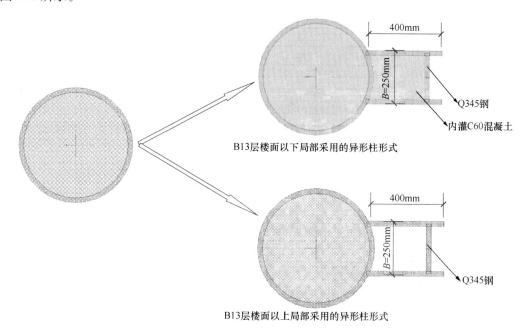

图 7.6　异形柱截面示意图

7.2.3 坑内钢管混凝土柱受力规律研究

结合建筑体型和不同区域框架柱的受力特点，酒店分别设计为双向及单向弯折的框架柱，并在顶端有跨越桁架扶持的折线形带支撑钢框架。其结构体系在内力控制工况以及框架柱内力分布规律等方面与常规高层建筑结构是不同。

根据 6.3 章内容以及表 6.3 的数据，对于坑内钢管混凝土柱，可以得到以下几点结论：

（1）大部分框架柱与支撑重力荷载产生的内力大于其他荷载工况。

（2）风荷载产生的内力普遍较低。

计算表明，由于每榀设置支撑框架近似于桁架的受力模式，仍是以轴力为主，在重力荷载作用下钢管柱轴力的分布规律特点如图 7.7 所示。

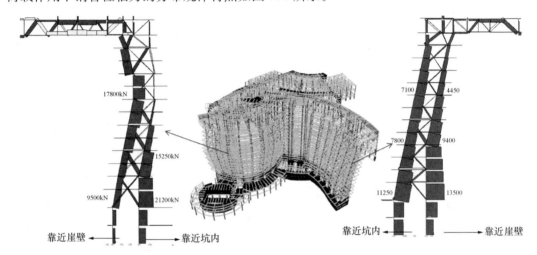

塔1（图左）典型桁架在1.2恒+1.4活下轴力示意图　　　塔2（图右）典型桁架在1.2恒+1.4活下轴力示意图

图 7.7　钢管柱在重力荷载下的轴力分布特点

由图 7.7 可以看出，钢管混凝土柱的受力特点：

（1）对双向弯折钢管混凝土柱，靠近崖壁侧的中部上位置以及靠近坑内的柱底端位置的轴力值相对较大。

（2）对右侧单向弯折钢管混凝土柱，柱底轴力最大，但靠近崖壁侧略高于靠近坑内侧。

（3）轴力的传力特点为：内力向倾斜方向柱传递。

根据上述钢管混凝土柱的受力特点，进行钢管混凝土柱的精细化构件设计。

7.2.4 坑内钢管混凝土柱应力验算

坑内钢管混凝土柱按《钢管混凝土结构技术规程》CECS28：2012 进行应力分析，此处仅以 TR1A、TR7A 及 TR2B、TR3B 中钢管柱为例给出钢管混凝土柱应力比计算结果，如图 7.8 与图 7.9 所示，涂阴影的表格对应的柱位置采用了异形柱截面。

构件验算结果表明，深坑酒店坑上首层以下钢管混凝土柱的构件应力水平满足规范要求。

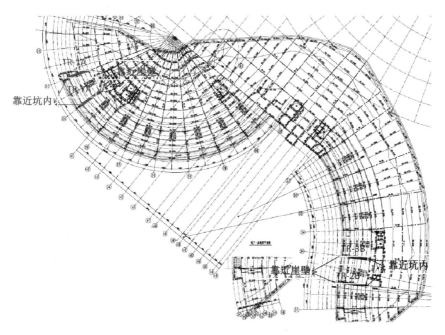

图 7.8　编号 TR1A、TR7A 及 TR2B、TR3B 的主框架在平面中的位置示意图

7.2.5　坑内局部异形钢管混凝土柱设计验算

（1）计算构件选取

局部异形钢管混凝土柱的有限元分析，选取的研究单元为 TR4A 底部钢管混凝土柱＋外连接板，如图 7.10 所示，此处的钢管混凝土柱的内力为最大值。圆钢管截面为 600×25，强度等级为 Q345B；混凝土强度等级为 C60；偏于安全考虑，新增加出来的部分不灌混凝土，异形钢管混凝土柱高度为一层楼高。

（2）基于异形柱 P-M-M 曲线的截面设计方法

如图 7.6 所示，局部采用的是异形钢管混凝土柱截面，采用基于 XTRACT 软件的 P-M-M 曲线方法进行构件验算。

根据《高层建筑混凝土结构技术规程》JGJ 3—2010，《钢管混凝土结构技术规程》CECS28：2012 等，可以得出钢管内混凝土抗压强度的提高公式如下：

$$\theta > [\theta] \text{ 时}, f_{\text{cReal}} = \frac{0.90A_c f_c + 0.90\sqrt{A_c f_c \times A_a f_a} - 0.10A_a f_a}{A_c} \tag{7.1}$$

此柱混凝土抗压强度的提高计算表如图 7.11 所示，放大 1.98 倍；C60 混凝土实际可用抗压强度 $f_{cr} = f_c \times 1.98 = 27.5 \times 1.98 = 54.45\text{MPa}$。在进行材料本构关系考虑时，钢材采用 Q345 的钢材本构，而混凝土本构采用的是 Mander 约束混凝土本构模型。

建立的 XTRACT 模型如图 7.12 所示。

此异形钢管混凝土柱在各荷载组合下的轴力-弯矩曲线计算结果如图 7.13 所示，验算结果表明，满足设计要求。

（3）ANSYS 有限元分析

TR-1A

楼层	控制工况(地震) 工况	P	M上	M下	M_T	靠近坑内(半地震) 工况	P	M上	M下	M_T	截面	应力水平 地震	半地震	控制工况(地震) 工况	P	M上	M下	M_T	靠近坑底(半地震) 工况	P	M上	M下	M_T	截面	应力水平 地震	半地震
B1-1F	5C4AXZZ	2050	199	364	392	5C11A	1647	250	277	327	600×20-C60	0.21	0.30	5C4AXZZ	2868		324	227	9C11A	1733	277		213	600×20-C60	0.21	0.19
B2-B1	5C4AXZZ0	2863	932	161	761	5C11A	2501	313	321	562	600×20-C60	0.28	0.19	5C4AXZZ0	4067		492	196	9C12A	2563	321		365	600×20-C60	0.28	0.27
B3-B2	5C4AXZZ0	1207	788	600	114	5C12A	495	437	451	201	600×20-C60	0.19	0.20	5C4AXZZ	6939		704	221	9C11A	6847	451		356	600×20-C60	0.42	0.51
B4-B3	5C4AXZZ0	1761	420	555	312	5C12A	1135	411	415	377	600×20-C60	0.21	0.21	5C4AXZZ	7628		608	352	9C11A	7525	415		254	600×20-C60	0.46	0.56
B5-B4	5C4BXZZ	1869	615	265	154	5C12A	399	517	366	87	600×20-C60	0.14	0.21						9C1DLA	11278	366		236	600×20-C60		0.69
B6-B5	5C4AXZZ	2515	152	483	214	5C12A	1109	567	349	224	600×20-C60	0.21	0.23	5C4AXZZ0	12209		95	308	9C1DLA	11810	349		342	600×20-C60	0.51	0.71
B7-B6	5C4AXZZ	4243	459	27	125	5C12A	2504	191	248	134	600×20-C60	0.18	0.19	5C4AXZZ	12479		352	295	9C11A	11748	248		413	600×20-C60	0.62	0.72
B8-B7	5C4AXZZ	4932	347	380	288	5C12A	3197	373	464	214	600×22-C60	0.31	0.28	5C4AXZZ	10716		79	206	9C11A	12095	464		124	600×20-C60	0.45	0.81
B9-B8	5C4AXZZ	8426	571	221	200	5C12A	6924	103	80	130	600×22-C60	0.40	0.39	5C4AXZZ	10872		524	349	9C11A	10051	80		487	600×20-C60	0.58	0.55
B10-B9	5C4AXZZ	9096		441	376	5C11A	7647	448	526	375	600×22-C60	0.48	0.53	5C4AXZZ0	9006		277	276	9C11A	10319	526		197	600×20-C60	0.47	0.74
B11-B10	5C4AXZZ	12374		414	224	5C11A	11636	221	49	66	600×22-C60	0.56	0.56	5C4AXZZ	9141		476	246	9C11A	7481	49		263	600×20-C60	0.48	0.39
B12-B11	5C4AXZZ	12966		311	587	5C11A	12315	233	386	429	600×25-C60	0.60	0.67	5C4AXZZ	9570		312	458	9C12A	7655	386		348	600×20-C60	0.51	0.52
B13-B12	5C4AXZZ	17237		441	582	5C11A	15537	198	102	348	600×25-C60	0.79	0.79	5C4AXZZ	9716		1134	253	9C12A	6955	102		348	600×20-C60	0.70	0.41
B14-B13	5C4AXZZ	17358		795	181	5C11A	15693	158	109	152		0.83	0.90							7167	109		136			0.46
B15-B14																										
B16-B15																										

TR-7A-1

楼层	控制工况(地震) 工况	P	M上	M下	M_T	靠近坑内(半地震) 工况	P	M上	M下	M_T	截面	应力水平 地震	半地震	控制工况(地震) 工况	P	M上	M下	M_T	靠近坑底(半地震) 工况	P	M上	M下	M_T	截面	应力水平 地震	半地震
B1-1F	5C4AXZZ	1194	199		295	5C11A	1157	179		204	600×20-C60	0.13	0.14	5C4AXZZ0	907	240		274	9C11A	751	259		143	600×20-C60	0.12	0.13
B2-B1	5C4AXZZ	2013	932		114	5C12A	2065	266		488	600×20-C60	0.30	0.26	5C4AXZZ	1665	655		164	9C12A	1351	346		211	600×20-C60	0.21	0.18
B3-B2	5C4AXZZ	2761	788		406	5C12A	582	556		265	600×20-C60	0.31	0.24	5C4AXZZ	4956	914		59	9C1DLA	4765	377		433	600×20-C60	0.39	0.40
B4-B3	5C4AXZZ	3029	420		332	5C12A	1328	451		490	600×20-C60	0.24	0.24	5C4AXZZ	5568	823		113	9C1DLA	5487	396		269	600×20-C60	0.39	0.41
B5-B4	5C4AXZZ	3923	615		372	5C12A	669	553		102	600×20-C60	0.30	0.22	5C4AYZZ0	9750	268		293	9C11A	9481	295		169	600×20-C60	0.50	0.56
B6-B5	5C4AXZZ	5522	152		176	5C12A	1592	617		411	600×20-C60	0.27	0.27	5C4AXZZ0	10367	150		257	9C11A	10224	218		176	600×20-C60	0.47	0.61
B7-B6	5C4AXZZ	6389	459		404	5C12A	3059	247		249	600×20-C60	0.38	0.24	5C4AXZZ0	11851	228		143	9C11A	11344	69		202	600×20-C60	0.54	0.57
B8-B7	5C4AXZZ	9257	347		237	5C12A	3959	454		373	600×22-C60	0.43	0.35	5C4AXZZ0	12384	426		148	9C11A	12036	463		413	600×20-C60	0.55	0.80
B9-B8	5C4AXZZ	10079	659		542	5C11A	7700	268		325	600×22-C60	0.55	0.47						9C11A	10522	187		218	600×20-C60		0.63
B10-B9	5C4AXZZ	13095	571		272	5C11A	8651	596		540	600×22-C60	0.59	0.61						9C11A	11065	621		490	600×20-C60		0.79
B11-B10						5C11A	13021	349		238	600×25-C60		0.71	5C4AXZZ0	10212	610		222	9C11A	8412	236		216	600×22-C60	0.52	0.53
B12-B11	9C11A	19670	655		681	5C11A	13927	400		544	600×25-C60	0.88	0.77	5C4AXZZ0	10532	795		203	9C11A	8857	558		334	600×22-C60	0.57	0.62
B13-B12	9C11A	19647	659		543	5C11A	17763	201		321	600×25-C60	0.95	0.84	5C4AXZZ0	11651	647		449	9C11A	8436	209		226	600×25-C60	0.65	0.53
B14-B13						5C11A	17881	148		229	600×25-C60		0.91	5C4AXZZ0	11895	1245		362	9C11A	8929	171		63	600×25-C60	0.83	0.53
B15-B14																										
B16-B15																										

图 7.9　典型楼层带支撑钢框架 TR1A、TR7A、TR2B、TR3B 钢管柱应力比验算结果（一）

TR-3B

楼层	控制工况（地震）工况	P	M_L	M_T	靠近抗内 控制工况（非地震）工况	P	M_L	M_T	截面	应力水平 地震 γ_{re}	非地震	控制工况（地震）工况	P	M_L	M_T	靠近重复 控制工况（非地震）工况	P	M_L	M_T	截面	应力水平 地震	非地震
B1-1F	—				9C12A	1444	639	374	600×20-C60		0.29	5C4AXZZ	1595	368	354	9C12A	684	514	173	600×20-C60	0.18	0.22
B2-B1	5C4AXZZ	6204	601	457	9C11A	2313	226	161	600×20-C60	0.42	0.19	5C4AXZZ	4314	332	524	9C12A	1936	300	206	600×20-C60	0.39	0.20
B3-B2	5C4AXZZ0	6909	473	532	9C11A	4478	269	85	600×20-C60	0.44	0.28	5C4AXZZ	3353	214	411	9C12A	1911	233	37	600×20-C60	0.27	0.15
B4-B3	5C4AXZZ0	10239	506	483	9C11A	5245	156	367	600×20-C60	0.59	0.36	5C4AXZZ	4072	323	383	9C12A	2455	273	66	600×20-C60	0.26	0.19
B5-B4	5C4AXZZ	10901	477	250	9C11A	6639	214	39	600×20-C60	0.58	0.36	5C4AXZZ	5588	306	260	9C12A	2841	259	178	600×20-C60	0.34	0.23
B6-B5	5C4AXZZ	12462	429	258	9C11A	7379	208	408	600×20-C60	0.60	0.47	5C4AXZZ	6258	345	337	9C12A	3441	286	39	600×20-C60	0.36	0.23
B7-B6	5C4AXZZ	13026	359	384	9C12A	8048	183	63	600×20-C60	0.55	0.53	5C4AXZZ	7114	206	476	9C12A	4414	199	214	600×20-C60	0.37	0.30
B8-B7	5C4AXZZ	12170	280	485	9C12A	8693	243	373	600×20-C60	0.63	0.42	5C4AXZZ0	7831	318	374	9C11A	5166	172	32	600×20-C60	0.38	0.37
B9-B8	5C4AXZZ	12692	513	527	9C12A	8610	248	61	600×22-C60	0.57	0.55	5C4AXZZ0	7752	214	489	9C11A	6812	124	234	600×22-C60	0.36	0.37
B10-B9	5C4AXZZ	11463	447	589	9C12A	9248	297	377	600×22-C60	0.60	0.51	5C4AXZZ0	8635	551	494	9C11A	7816	272	72	600×22-C60	0.47	0.39
B11-B10	5C4AXZZ	12096	643	753	9C12A	9916	192	126	600×22-C60	0.74	0.57	5C4AXZZ0	10124	570	667	9C11A	9759	78	57	600×22-C60	0.51	0.48
B12-B11	5C4AXZZ	16363	515	312	9C12A	10595	277	313	600×25-C60		0.57	5C4AXZZ0	10971	642		9C11A	10851	98	178	600×25-C60	0.53	0.50
B13-B12	5C4AXZZ	17052	###	719	9C12A	12091	142	312	600×25-C60	0.98	0.57	5C4AXZZ0	15659	699	494	9C11A	12532	144	135	600×25-C60	0.70	0.61
B14-B13					9C11A	12772	545	439	600×25-C60		0.80	5C4AXZZ0	16587	1308	667	9C11A	13709	462	460	600×25-C60	0.93	0.85
B15-B14																						
B16-B15																						

TR-2B

楼层	控制工况（地震）工况	P	M_L	M_T	靠近抗内 控制工况（非地震）工况	P	M_L	M_T	截面	应力水平 地震 γ_{re}	非地震	控制工况（地震）工况	P	M_L	M_T	靠近重复 控制工况（非地震）工况	P	M_L	M_T	截面	应力水平 地震	非地震
B1-1F	5C4AXZZ0	1470	###	544	9C12A	982	###	1005	600×20-C60	0.59	0.71	5C4AXZZ	3342	981	207	9C11A	2061	295	309	600×20-C60	0.36	0.23
B2-B1	5C4AXZZ0	2042	605	786	9C12A	1574	147	185	600×20-C60	0.30	0.14	5C4AXZZ	5286	467	629	9C11A	3171	283	312	600×20-C60	0.53	0.28
B3-B2	5C4AXZZ0	5236	744	250	9C11A	4217	264	102	600×20-C60	0.36	0.28	5C4AXZZ	4499	385	573	9C11A	2695	273	243	600×20-C60	0.34	0.24
B4-B3	5C4AXZZ0	5913	547	474	9C11A	4999	144	271	600×20-C60	0.40	0.33	5C4AXZZ	5120	332	577	9C11A	3368	241	322	600×20-C60	0.35	0.28
B5-B4	5C4AXZZ0	9117	449	483	9C11A	6709	141	70	600×20-C60	0.53	0.37	5C4AXZZ	5976	335	549	9C11A	3781	169	234	600×20-C60	0.39	0.27
B6-B5	5C4AXZZ0	9800	459	263	9C11A	7454	218	380	600×20-C60	0.57	0.49	5C4AXZZ	6594	387	235	9C11A	4448	290	270	600×20-C60	0.40	0.32
B7-B6	5C4AXZZ	11374	383	260	9C11A	8264	97	146	600×20-C60	0.59	0.47	5C4AXZZ0	7517	432	403	9C11A	5870	119	165	600×20-C60	0.39	0.34
B8-B7	5C4AXZZ	11963	356	392	9C11A	8963	267	422	600×20-C60	0.51	0.59	5C4AXZZ0	8146	337	360	9C11A	6597	296	324	600×20-C60	0.43	0.44
B9-B8	5C4AXZZ	10903	239	519	9C11A	8348	222	89	600×22-C60	0.60	0.44	5C4AXZZ0	9685	182	641	9C11A	8741	150	152	600×22-C60	0.43	0.48
B10-B9	5C4AXZZ	11479	445	511	9C11A	9054	288	398	600×22-C60	0.58	0.57	5C4AXZZ0	10379	277	475	9C11A	9572	112	296	600×22-C60	0.50	0.48
B11-B10	5C4AXZZ	11250	423	511	9C11A	9677	160	157	600×22-C60	0.63	0.55	5C4AXZZ0	12171	591	490	9C11A	11860	139	312	600×22-C60	0.60	0.59
B12-B11	5C4AXZZ	12005	593	585	9C11A	10461	234	332	600×25-C60	0.76	0.59	5C4AXZZ0	12822	591	501	9C11A	12606	195	217	600×25-C60	0.59	0.63
B13-B12	5C4AXZZ	15753	507	727	9C11A	11834	158	326	600×25-C60	0.99	0.61	5C4AXZZ0	16433	682	501	9C11A	13953	127	134	600×25-C60	0.73	0.67
B14-B13	5C4AXZZ	16510	###	802	9C11A	12653	535	504	600×25-C60		0.87	5C4AXZZ0	17104	1297	614	9C11A	14733	321	333	600×25-C60	0.94	0.85
B15-B14																						
B16-B15																						

图 7.9　典型褶带支撑钢框架 TR1A、TR7A、TR2B、TR3B 钢管柱应力比验算结果（二）

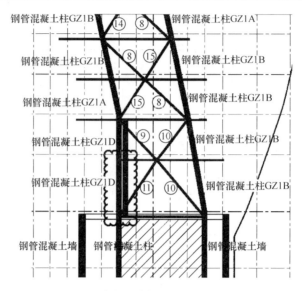

图 7.10 开展有限元分析的异形钢管混凝土柱位

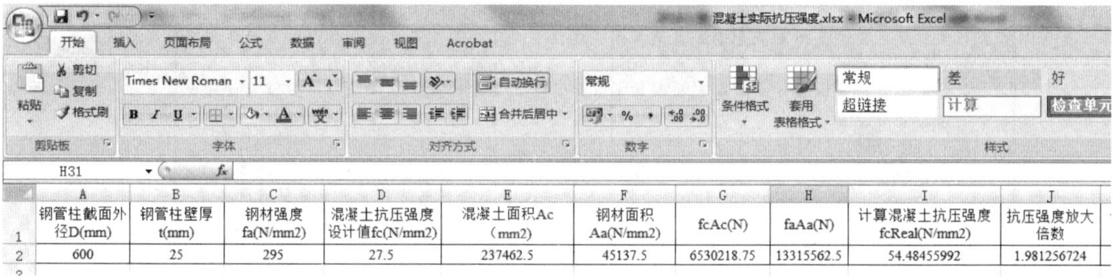

图 7.11 此钢管混凝土柱混凝土抗压强度的提高计算示意图

钢管柱截面外径D(mm)	钢管柱壁厚t(mm)	钢管柱强度fa(N/mm2)	混凝土抗压强度设计值fc(N/mm2)	混凝土面积Ac（mm2）	钢材面积Aa(N/mm2)	fcAc(N)	faAa(N)	计算混凝土抗压强度fcReal(N/mm2)	抗压强度放大倍数
600	25	295	27.5	237462.5	45137.5	6530218.75	13315562.5	54.48455992	1.981256724

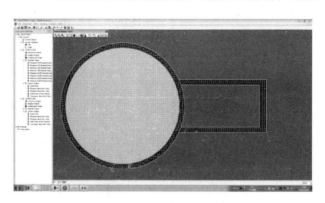

图 7.12 异形钢管混凝土柱 XTRACT 建模

异形钢管混凝土柱的 ANSYS 几何模型如图 7.14 所示，异形钢管混凝土柱高度为一层楼高。其中钢结构部分的几何模型如图 7.15 所示。

混凝土部分的几何模型如图 7.16 所示。钢结构采用 SOLID92 单元，混凝土部分采用 SOLID65 单元。网格划分情况如图 7.17 所示。

假定模型的边界条件为底板刚接，顶部水平约束，模拟楼板、钢梁以及钢支撑对钢管混凝土柱的约束，如图 7.18 所示。

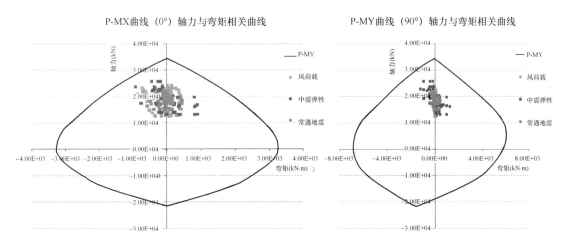

图 7.13　异形钢管混凝土柱 P-M-M 曲线验算结果

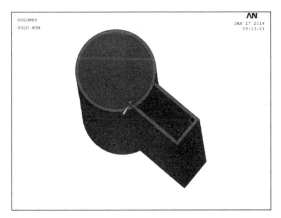

图 7.14　异形柱 ANSYS 几何模型

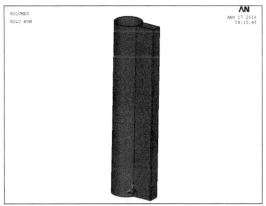

图 7.15　外围钢结构几何模型

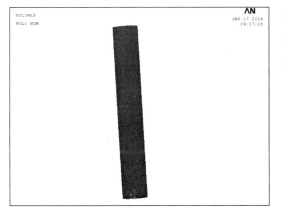

图 7.16　混凝土部分几何模型

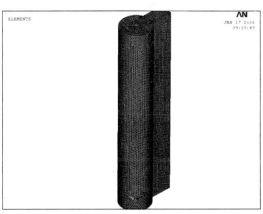

图 7.17　钢管混凝土柱有限元网格划分模型

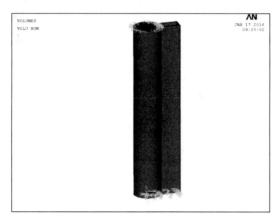

图 7.18　有限元分析假定约束条件

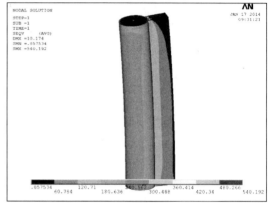

图 7.19　整体应力云图

施加的荷载为 $F=21360$kN，$M_x=233$kN·m，$M_y=378$kN·m。

计算结果的应力云图如图 7.19 所示。钢结构部分的应力云图如图 7.20 所示，主要应力水平均低于钢结构 Q345 的设计值 295MPa。顶部连接处出现极小部分的应力集中，但由于实际增加出来的耳板内也灌注混凝土，将有效解决钢结构极小区域的应力集中问题。同时，尽量使得钢支撑以及钢梁与新增的耳板有效连接。

混凝土部分的应力云图如图 7.21 所示。根据计算结果，用于分析的圆钢管混凝土内部 C60 混凝土实际可用抗压强度 $f_{cr}=f_c\times1.98=27.5\times1.98=54.45$MPa，而 ANSYS 分析表明，内部混凝土最大 Mises 应力在 50MPa 左右，故混凝土部分的 MISES 应力能够满足要求。考虑到实际新增加处的钢板内灌了混凝土，故认为混凝土受压应力水平合理。

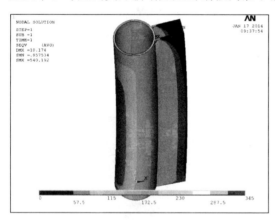

图 7.20　钢结构 MISES 应力云图

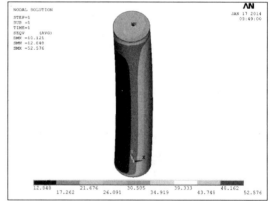

图 7.21　混凝土部分 MISES 应力云图

7.2.6　坑上圆钢管柱的受力特点研究

坑上首层以上圆钢管柱的特点为种类相对较少，且均为直的框架柱，但数量较多，圆钢管柱的平面图如图 7.22 所示。

坑上首层以上圆钢管柱受力特点是大多数钢管框架柱为跨越桁架上的立柱，这使得框架柱在受到竖向力时，由于跨越桁架的变形，柱底有一个附加的竖向位移，如图 7.23 所

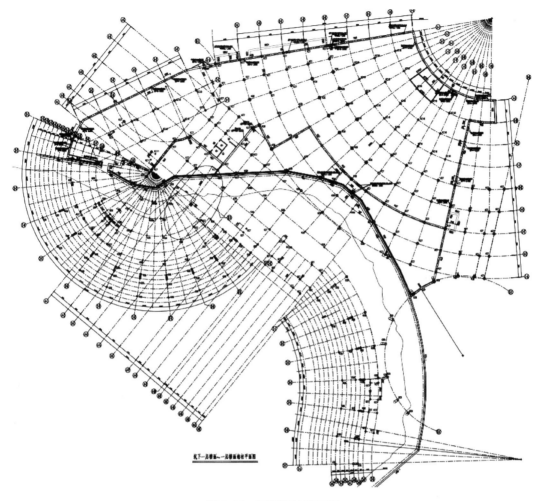

图 7.22　圆钢管柱平面图

示，这就要考虑桁架刚度对框架柱受力的影响。足够的跨越桁架刚度将对某些应力比较高的框架柱的设计有关键的影响。

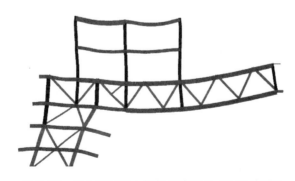

图 7.23　坑上首层以上框架柱支座处"强迫位移"

在进行跨越桁架设计时，控制跨越桁架在不考虑楼板刚度贡献及起拱要求的前提下，桁架挠度满足规范设计要求。

7.3 柱间支撑分析与设计研究

柱间支撑埋藏于酒店隔墙内，支撑的宽度对隔墙的厚度以及建筑空间的使用有较明显的影响，通过结构计算与分析，结构尽量采用窄的支撑宽度，从而使得结构钢支撑的设置对酒店客房使用的影响最小。

由于深坑酒店结构钢管柱单向或双向弯折的特点，钢支撑的内力分布规律与常规工程的钢支撑是不同，而且钢支撑还需承受较大竖向荷载。

7.3.1 钢支撑设计研究

酒店区域的支撑在平面图中的位置如图 7.24 所示，可以看出，支撑的宽度将可能影响建筑使用空间。

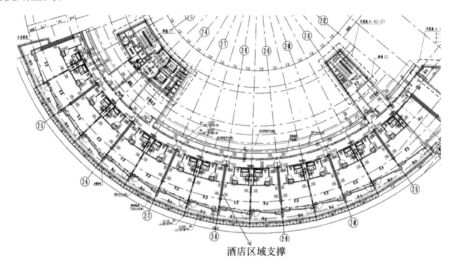

图 7.24　酒店区域的钢支撑位置（钢支撑埋藏于酒店隔墙内）

为尽可能减少钢支撑对酒店空间等影响，考虑到支撑的受力特点是以轴向力为主，在进行钢支撑截面设计时，将常规的焊接 H 形钢支撑截面的形式进行优化设计，改为宽度不大于 250mm 的焊接箱型截面，如图 7.25 所示。

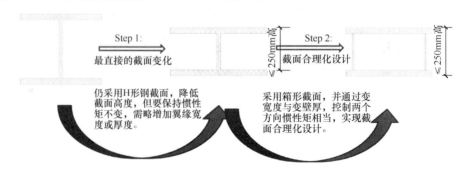

图 7.25　钢支撑截面形式的优化

在此过程中，考虑了钢支撑的宽度再往下调整的可行性，如尽量往 200mm 的常用隔墙厚度靠拢，但计算表明：如果控制截面在 200～250mm 之间变化，存在支撑种类过多，支撑的宽度种类也较多，对施工的方便性以及使用的方便性均有明显的不利影响，综合考虑后，统一所有支撑的宽度为 250mm。

7.3.2　钢支撑结合受力特点的分析与设计研究

钢支撑的截面形式基本确定后，其受力特点，除用于抗侧力的支撑外，还应能承受竖向力。计算表明，在重力作用下钢支撑的轴力分布特点，如图 7.26 所示，其中红色为压力，黄色为拉力。支撑的最终设计截面将直接与重力作用下支撑轴力的分布特点有关。

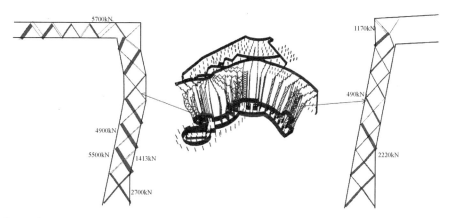

塔1（图左）典型桁架在1.2恒+1.4活下轴力示意图　塔2（图右）典型桁架在1.2恒+1.4活下轴力示意图

图 7.26　钢支撑在自重下的轴力分布特点

从图 7.26 可知，在竖向荷载下，钢支撑的内力不均匀，并具有非常明显的规律性：在柱间交叉支撑杆件中，支撑轴力向框架柱倾斜的方向传递，压力很大；而另一根支撑杆件的压力则较小，在框架柱倾斜较大处，另一根杆件甚至出现了受拉的现象。这就要求钢支撑截面的合理化设计必须匹配支撑的受力特点，即使是相连的交叉支撑杆件的截面也应有所区别。基于钢支撑受力特点的最终支撑设计截面如图 7.27 所示。

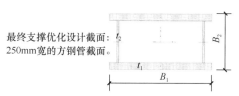

最终支撑优化设计截面：250mm宽的方钢管截面。

图 7.27　结合钢结构受力特点及建筑功能需求的框架柱间钢支撑最终设计截面

7.3.3　柱间支撑截面及验算结果

柱间支撑的性能目标为中震弹性。图 7.28 以某榀典型带支撑钢框架为例，分别比较了非地震作用组合以及中震弹性（$1.2DL+0.6LL+1.3MEQ$）组合下杆件的应力比计算结果，可知，支撑杆件的控制组合为中震弹性。

以带支撑钢框架 TR1A、TR1B 间钢支撑为例，最终选取截面以及应力比验算结果如图 7.29 和图 7.30 所示。

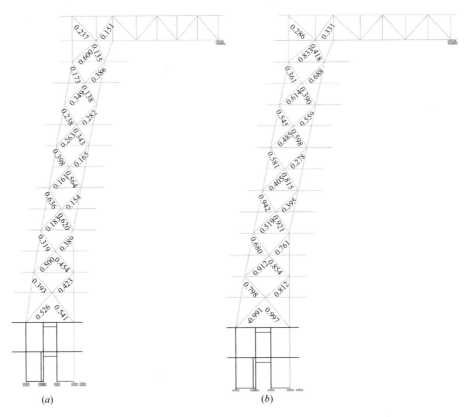

图 7.28　支撑杆件应力比

（*a*）非地震组合支撑杆件应力比；（*b*）中震弹性组合支撑杆件应力比

7.3.4　柱间支撑典型节点设计

（1）柱间支撑交叉处与楼面钢梁连接节点

柱间交叉支撑与楼面钢梁的连接原则采用楼面钢梁贯通，支撑断开并通过节点板件与楼面钢梁焊接连接，节点三维示意图如图 7.31 所示。通过一定范围的节点域与柱间支撑各杆件的连接，保证了柱间支撑传力的连续性，且实现了"强节点、弱杆件"的设计要求。

（2）柱间支撑与圆钢管混凝土柱连接节点

柱间支撑与圆钢管混凝土柱连接节点采用柱间支撑腹板贯通圆钢管，并与圆钢管全熔透焊接的做法。在柱间支撑截面设计时，采用尽量加厚腹板厚度，减薄翼缘厚度的做法，这种截面设计可以让腹板承担绝大部分内力，而翼缘仅起到提供腹板稳定约束的作用；在进行节点设计时，将传递主要内力的腹板贯穿钢管的设计，也完全匹配了柱间支撑截面板件的传力特点，解决了矩形钢管与钢管混凝土柱的复杂连接问题。具体的节点构造详见图 7.32。

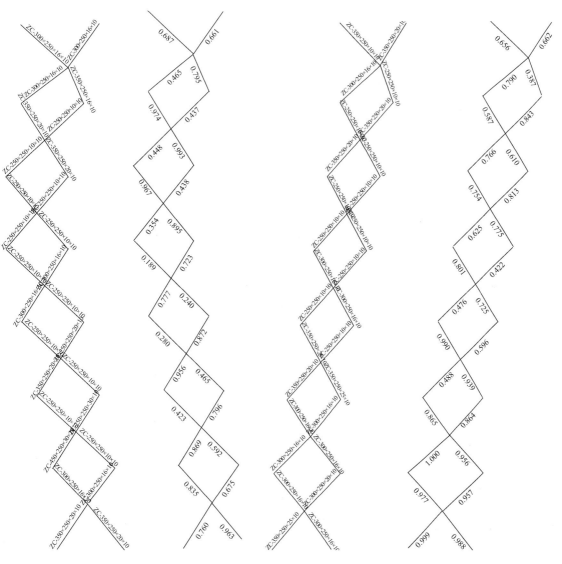

图 7.29　带支撑钢框架 TR1A 间钢支撑最终
选取截面以及应力比验算结果

图 7.30　带支撑钢框架 TR1B 间钢支撑最终
截面以及应力比验算结果

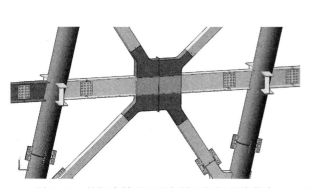

图 7.31　柱间支撑交叉处与楼面钢梁连接节点

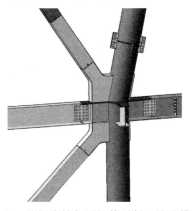

图 7.32　柱间支撑与圆钢管混凝土柱连接节点

7.4 框架梁的计算分析

7.4.1 框架梁设计基本原则

根据建筑要求，框架梁的高度限制为 550mm 高。为控制梁的高度，通过调整梁的翼缘厚度和宽度来控制应力比，梁的宽度调整尽量不影响建筑的使用功能。以 F2 层为例，框架梁截面设计为如图 7.33 所示。

钢梁编号	截面尺寸(mm)	梁端剪力(kN)	栓钉	钢号	备注
SKLF2-01	500×200×8×12		2×19@185	Q345-B	焊接H型钢
SKLF2-02	500×250×8×20		2×19@185	Q345-B	焊接H型钢
SKLF2-03	500×300×8×25		2×19@185	Q345-B	焊接H型钢
SKLF2-04	550×250×10×20		2×19@185	Q345-B	焊接H型钢
SKLF2-05	550×300×12×30		2×19@185	Q345-B	焊接H型钢
SKLF2-06	550×350×14×35		2×19@185	Q345-B	焊接H型钢
SKLF2-07	550×500×14×35		2×19@185	Q345-B	焊接H型钢
SKLF2-08	600×500×16×25		2×19@185	Q345-B	焊接H型钢
SKLF2-09	650×300×12×20		2×19@185	Q345-B	焊接H型钢
SKLF2-10	650×350×14×30		2×19@185	Q345-B	焊接H型钢
SKLF2-11	600×450×16×35		2×19@185	Q345-B	焊接H型钢

图 7.33 F2 层钢框架梁截面表

7.4.2 框架梁受力特点的设计方法研究

框架梁的分析与设计研究包括如下内容：

（1）依据框架梁的性能目标，进行框架梁应力水平的校核。

坑内首层以下酒店钢结构框架梁的性能目标为"中震弹性"；首层以上钢结构框架梁的性能目标为小震弹性。

（2）根据框架梁的受力特点进行设计

框架梁的受力特点为压弯或拉弯构件，并以杆件受弯为主。根据酒店层环向与径向框架梁的弯矩分布特点。自重作用下径向框架梁的弯矩分布特点如图 7.34 所示，中震包络设计下径向框架梁的弯矩分布特点如图 7.35 所示（以典型径向桁架 TR4A 为例）。

由图 7.34 和图 7.35 可以得出以下结论：

1）框架梁的跨中弯矩受支撑影响明显；跨中有支撑通过的，无论是重力作用还是中震包络，弯矩均相对较小；反之则弯矩相对较大。

2）悬挑梁的弯矩主要为重力荷载控制，由于悬挑梁最大悬挑有 4.5m 左右，弯矩值远大于柱间框架梁的弯矩值。

3）整个径向框架梁在悬挑端的内力最大是控制梁高的位置。

环向框架梁在自重以及中震包络下的弯矩图如图 7.36 以及图 7.37 所示。

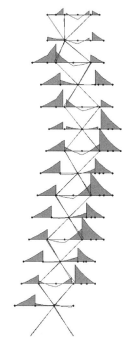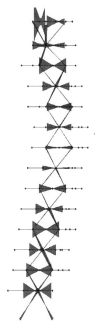

图 7.34　径向框架梁自重下　　　　图 7.35　径向框架梁中震下
弯矩受力特点　　　　　　　　　　弯矩受力特点

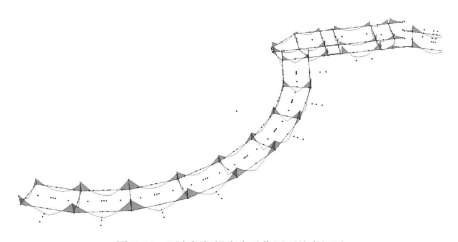

图 7.36　环向框架梁在自重作用下的弯矩图

由图 7.36、图 7.37 可以看出，环向框架梁与径向框架梁的受力特点不尽相同。由于环向框架梁没有支撑，故地震作用下的弯矩值比径向要大很多，而且由于环向框架梁的跨度较大，自重作用下的弯矩值也相对较大。环带框架梁截面应略大于径向框架梁截面。

（3）悬挑梁的设计

酒店区域的悬挑梁跨度普遍较大，最大约 4.5m 左右，如何保证悬挑梁的强度、稳定及刚度是设计的重点，如图 7.38 所示。

悬挑梁的挠度通过截面尺寸的合理控制以及构件加工阶段的预起拱满足。悬挑梁的强

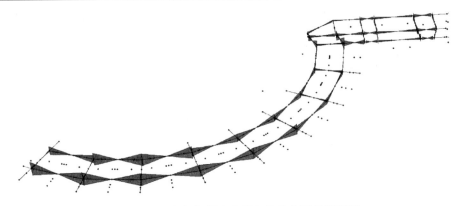

图 7.37　环向框架梁在中震包络组合下的弯矩图

度与稳定首先通过《钢结构设计规范》GB 50017—2003 的相关验算公式验算满足，由于悬挑梁下翼缘受压，楼板对悬挑梁的稳定几乎无贡献，基于悬挑梁的受力特点，采用如下措施保证梁的稳定：

　　1）悬挑梁端根据规范等要求，端部下翼缘两侧均设置隅撑，如图 7.39 所示。

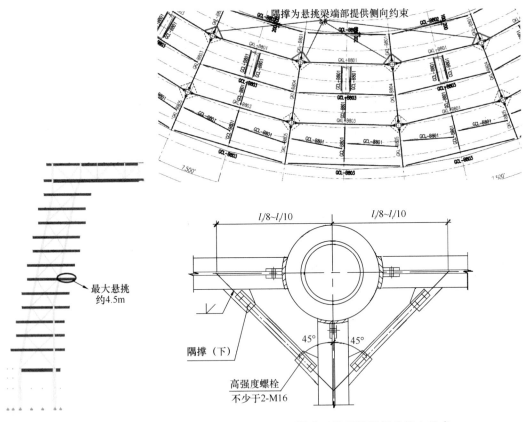

图 7.38　酒店区域悬挑梁　　　　　图 7.39　隅撑为悬挑梁端部提供侧向约束
　　　　　设置情况

　　2）部分位置根据需要设置次梁提供侧向约束，如图 7.40 所示。

　　3）局部悬挑梁端部设置横向加劲肋，如图 7.41 所示。

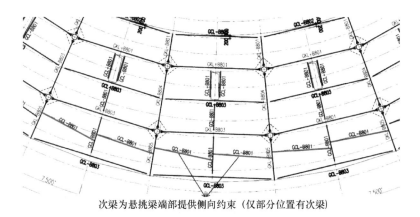

次梁为悬挑梁端部提供侧向约束（仅部分位置有次梁）

图 7.40　次梁为悬挑梁端部提供侧向约束

（4）框架柱折角处框架梁受力特点

由于建筑体型的原因，每榀带支撑钢框架均为折线形钢框架，在折角处框架柱将有较大的水平分力，柱间支撑可以有效地平衡框柱折角处水平分力。计算表明，与折角直接相连的框架梁的轴向力分量不可忽略，折角位置的框架梁示意，如图 7.42 所示。对图 7.42 中蓝色线位置的楼面框架梁设计时，不能按照常规框架梁进行受弯验算，按照实际受力进行压弯或者拉弯构件的验算，以确保结构的安全。

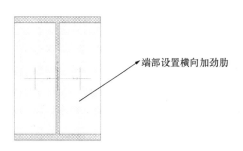

端部设置横向加劲肋

图 7.41　悬挑梁端部设置
横向加劲肋

图 7.43 显示了某榀带支撑主框架在自重作用下由于框架柱折角的水平分力引起的楼面梁及钢支撑轴力示意图，其中黄色为拉力，红色为压力。由图 7.43 可知，折角处楼面钢框架梁的设计应按压弯或拉弯构件设计。

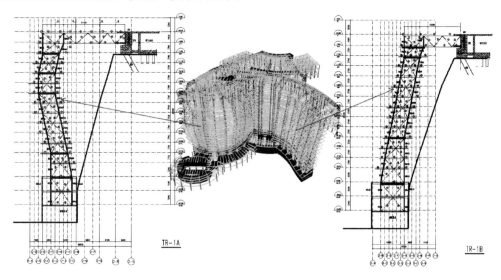

图 7.42　典型带支撑框架柱折角处框架梁位置示意图

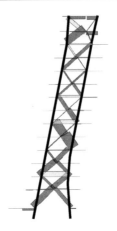

图 7.43 在自重作用下由于框架柱折角的水平分力引起的楼面梁及钢支撑轴力示意图

7.4.3 构件验算

坑内框架梁的性能目标为中震弹性。以 B13 层楼面梁为例，钢框架梁性能目标的应力验算结果如图 7.44 及图 7.45 所示，坑内框架梁的控制组合为中震弹性荷载组合。由钢结构框架梁应力比验算结果可以看出，深坑酒店钢框架梁的应力水平均处于相对较高且合理的应力状态，满足规范要求。

B13 层图面左侧：

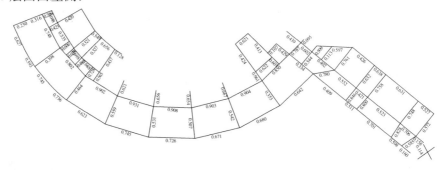

图 7.44 B13 层图面左侧框架梁应力比验算结果

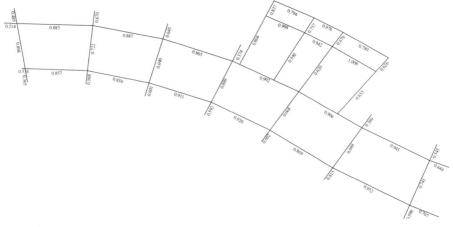

图 7.45 B13 层图面右侧框架梁应力比验算结果

7.5 弯折带支撑钢框架的受力特点小结

由 7.1～7.4 章节可知，酒店带支撑折线形钢框架在受力特点上与普通钢框架结构有明显不同。

7.5.1 钢框架柱

与常规钢框架柱轴力下大上小的特点相比，深坑酒店折线形钢框架柱的轴力分布规律完全不同，如图 7.7 所示：

1）对左侧塔 1 双向弯折钢管混凝土柱，靠近崖壁侧的中上部位置以及靠近坑内的柱底端位置的轴力值相对较大。

2）对右侧塔 2 单向弯折钢管混凝土柱，柱底轴力最大，但靠近崖壁侧略高于靠近坑内侧。

3）轴力的传力特点为，内力通过支撑杆件向倾斜方向柱传递，轴力靠弯折方大。

7.5.2 钢支撑

深坑酒店的钢支撑相对一般钢结构工程中的支撑结构，除了承担较大的水平荷载（主要为中震）外，还承担较大的重力荷载。钢支撑在自重作用下的轴力由图 7.26 可知，在竖向荷载下，钢支撑的内力并不均匀，并具有非常明显的规律性：在柱间交叉支撑杆件中，支撑轴力向框架柱倾斜的方向传递，压力很大；而另一根支撑杆件的压力则较小，在框架柱倾斜较大处，另一根杆件甚至出现了受拉的现象。

7.5.3 钢框架梁

深坑酒店框架梁，由于其与折线形框架柱的直接相连、部分框架梁在跨中有柱间支撑跨越以及存在众多大悬挑钢框梁的特点，这与常规以受弯为主的钢框梁相比，也有显著的区别：

1）钢框架须承担部分框架柱折角处水平分力，框架梁的受力特点为压弯或拉弯构件；

2）框架梁的跨中弯矩受支撑影响明显，跨中有支撑通过的，无论是重力作用还是中震包络，弯矩值均相对较小；反之则弯矩相对较大；

3）悬挑梁的弯矩主要为重力荷载控制，由于悬挑梁悬挑距离有 4.5m 左右，弯矩值高于柱间框架梁；

4）径向框架梁由于有两端大悬挑，梁高的控制位置为悬挑端。

7.6 跨越桁架分析与设计研究

跨越桁架不仅对酒店钢结构弯折带支撑钢框架提供侧向约束，而且是地上钢结构裙房的弹性支座，是本工程的关键结构构件。跨越桁架的结构设计是既要满足结构受力的要求，又要考虑关键节点的安全可靠，同时还要重视建筑功能的使用要求。

7.6.1 符合建筑要求的结构构件设计

跨越桁架上、下弦杆典型杆件的高度为 700mm，由于局部区域为酒店走道范围，结构构件的高度可能会对建筑走廊的净空有不利影响。设计采用在影响区域变结构高度和增加截面面积的方法来满足结构刚度与强度的要求。通过局部截面形式的调整，降低下弦杆件的高度，提高酒店走廊区域使用的舒适性，如图 7.46 所示。

为了合理控制由于截面高度降低引起的应力比的增加以及刚度的减弱，通过增加翼缘宽度、板件厚度以及在工字形截面两侧贴钢板等措施进行补强，如图 7.47 所示。

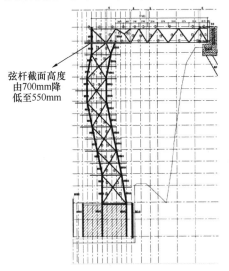

弦杆截面高度
由700mm降
低至550mm

图 7.46　跨越桁架下弦杆件在走道区域
截面高度由 700mm 降低至 550mm

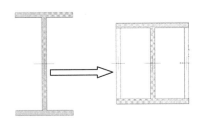

图 7.47　跨越桁架下弦杆高度降低的
截面设计和补强方法

在桁架上、下弦杆之间的走道区域，直线斜腹杆将对走道净高有影响，故在进行桁架走道附近端腹杆设计时，采用了折线形再分式斜腹杆，并在折点处增加连接杆的做法。跨越桁架三维模型如图 7.48 所示。

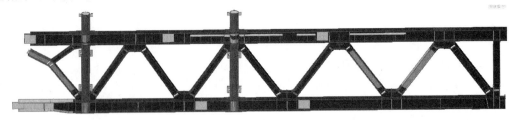

图 7.48　典型跨越桁架三维模型

7.6.2 楼板有限刚度的桁架杆件及桁架立钢管柱设计

跨越桁架是地上部分两层钢框架结构的弹性支座，且跨越桁架的跨度最大近 40m。跨越桁架的刚度对杆件的应力比，尤其是其所立的钢管柱的应力比有极大的影响。在设计时，需考虑跨越桁架刚度的一次性形成，同时还有验算施工阶段的施工模拟分析，特别注意跨越桁架上所立钢管柱，由于跨越桁架节点处的挠度，对跨越桁架上所立钢框架柱在柱脚处的支座位移变形引起的次应力影响。如图 7.49 所示：

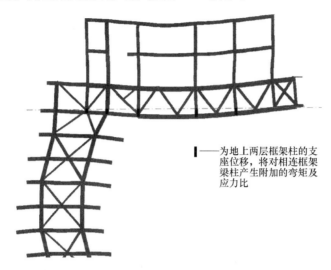

为地上两层框架柱的支座位移，将对相连框架梁柱产生附加的弯矩及应力比

图 7.49　跨越桁架在节点处的挠度同时为桁架上所立钢框架柱脚处的支座位移

正因为此，合理地考虑跨越桁架的刚度对结构的安全性和经济性设计均非常重要，而桁架刚度除了桁架本身高度及杆件截面之外，还有楼板对桁架刚度的贡献。对于楼板，若完全不考虑楼板刚度的贡献，对桁架及所立圆钢管柱设计将偏于保守，导致用钢量显著增加；但若考虑 180mm 楼板的完全厚度贡献，由于楼板在实际工作中是带裂缝工作，且局部还有降板、开洞等因素，楼板的厚度不可能充分发挥，设计将偏于不安全。经计算分析比选，最终选定了楼板的厚度贡献为 20mm，即大约 180mm 楼板厚度的 10％用于提高跨越桁架自身的刚度，并适当承担跨越桁架弦杆的轴向内力。这样对于跨越桁架杆件本身，将比完全不考虑楼板刚度的桁架弦杆应力比减少 0.1～0.2 左右，合理地控制了跨越桁架杆件的应力比；对于跨越桁架所立的钢管柱，典型钢管柱的外径为 500mm，一般钢管壁厚为 22mm，个别钢管壁厚为 25mm，均处于方便加工的合理径厚比范围，增强了构件设计的经济性、合理性，并确保了安全性，具体设计结果如表 7.1 所示。

是否适当考虑楼板刚度贡献对桁架立柱截面尺寸的影响　　　　表 7.1

框柱位置	框柱编号	不考虑桁架刚度贡献截面	考虑楼板有限刚度设计后跨越桁架立柱截面
坑内，跨越桁架立柱	GZ8	$\Phi500\times25$	$\Phi500\times22$，个别 $\Phi500\times25$
坑内，跨越桁架立柱	GZ9	$\Phi750\times35$	$\Phi750\times30$

为保证桁架竖向刚度的合理控制，在进行桁架挠度设计计算时，不考虑楼板对桁架刚度的贡献。

7.6.3　跨越桁架关键节点设计

（1）跨越桁架所立圆钢管柱节点

深坑酒店跨越桁架为地上两层框架结构柱的转换桁架，地上钢结构框架柱为圆钢管柱，故圆钢管柱与工字形的桁架弦杆、斜腹杆的连接节点为设计的特点之一。采用的连接做法如图7.50所示。桁架弦杆贯通，而斜腹杆及竖腹杆构件通过焊接保持连续。

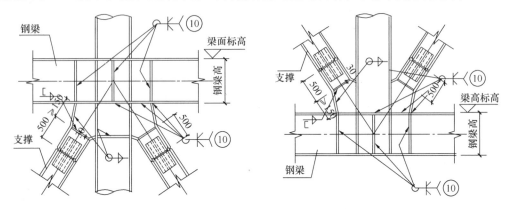

图7.50　跨越桁架所立圆钢管柱与桁架弦杆、斜腹杆典型连接节点

图7.51　跨越桁架所立圆钢管柱与
桁架杆件连接节点三维模型

节点模型如图7.51所示。由于圆钢管柱将传递双向弯矩至跨越桁架，跨越桁架的面外将相对不利。在进行结构构造处理时，在圆钢管柱与跨越桁架连接节点处，在桁架上下弦楼面设置了垂直于桁架平面的楼面钢梁，其中上弦面外钢梁与跨越桁架刚接连接（局部设置水平支撑），以保证桁架面外的稳定性，并有效平衡圆钢管柱传递至跨越桁架楼层的双向弯矩。

（2）跨越桁架坑顶杆件支座节点

由于本工程带支撑钢框架的设计特点为上、下两点支承，上支承点通过跨越桁架端竖杆件、端斜杆以及端下弦杆交汇处的节点与坑顶固定铰支座全熔透焊接连接，节点位置如图7.52所示；考虑到跨越桁架的设计性能目标为大震不屈服，经过计算，坑顶支座最大水平力已达到1250t，怎样合理地设计此桁架相连节点，将杆件在大震作用的内力有效、直接得传递至基础梁上的固定铰

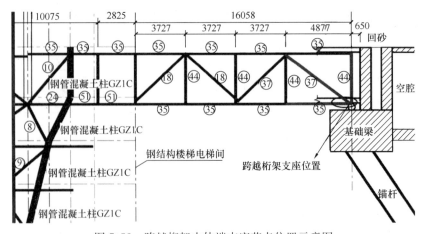

图7.52　跨越桁架本体端支座节点位置示意图

支座，成为跨越桁架杆件节点设计的关键问题。径分析比较最终设计的节点形式如图7.53 所示，三维模型如图 7.54 所示。

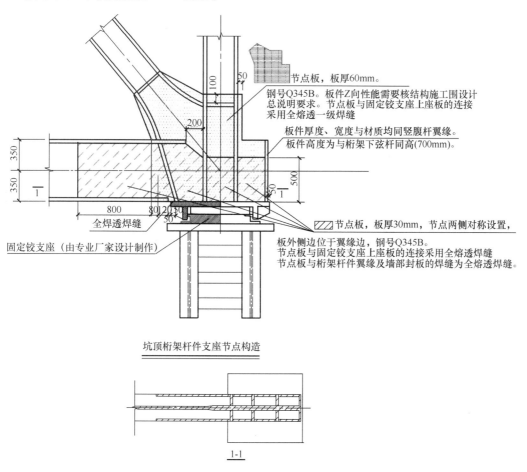

节点板，板厚60mm。

钢号Q345B。板件Z向性能需要核结构施工围设计总说明要求。节点板与固定铰支座上座板的连接采用全熔透一级焊缝

板件厚度、宽度与材质均同竖腹杆翼缘。板件高度为与桁架下弦杆同高(700mm)。

节点板，板厚30mm，节点两侧对称设置，板外侧边位于翼缘边，钢号Q345B。节点板与固定铰支座上座板的连接采用全熔透焊缝节点板与桁架杆件翼缘及墙部封板的焊缝为全熔透焊缝。

固定铰支座（由专业厂家设计制作）

全焊透焊缝

坑顶桁架杆件支座节点构造

1-1

图 7.53　跨越桁架本体端支座节点构造

采用通用有限元软件 ANSYS10.0 进行分析节点建模与分析，节点的 ANSYS 几何模型如图 7.55 所示。

图 7.54　跨越桁架本体端支座节点三维模型

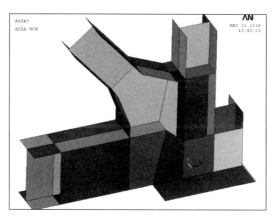

图 7.55　跨越桁架本体端支座节点 ANSYS 几何模型

采用 Shell63 单元来模型节点的各块板件，并用较均匀的四边形网格（过渡段局部采用三角形网格）进行有限元网分，有限元模型如图 7.56 所示。

节点的支座条件以及荷载施加如图 7.57 所示，支座约束设置为与节点端支座相连的底板按空间铰支座约束。

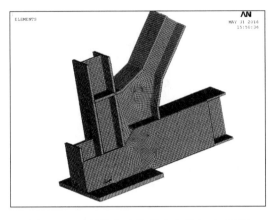

图 7.56　跨越桁架本体端支座节点 ANSYS
有限元模型

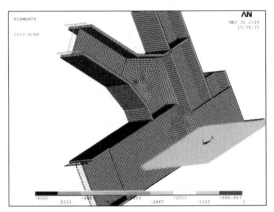

图 7.57　节点 ANSYS 支座及荷载施加

根据跨越桁架实际受力以及最不利情况，考虑各杆件均受压力荷载。根据 ETABS 构件验算结果，大震下节点以水平剪力为主，竖向力处于相对低的荷载水平。以典型跨越桁架为例，ETABS 大震下构件轴力分布特点如图 7.58 所示。在进行计算过程中，确保水平剪力不小于 1250t。此工况下施加的荷载数值如图 7.59 所示。

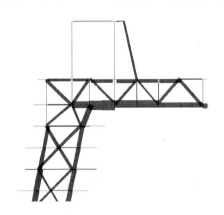

图 7.58　跨越桁架大震下构件轴力分布
特点示意图

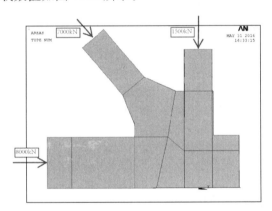

图 7.59　某典型跨越桁架大震下构件
荷载内力示意图

经过分析，节点 ANSYS 有限元分析结果如图 7.60 及图 7.61 所示。其中图 7.60 为节点整体 Mises 应力云图，图 7.61 为将两侧盖板隐藏后，盖板内节点板件 Mises 应力云图。

由图 7.60、图 7.61 可以看到节点板件的 VonMises 最大应力在一般区域为 200MPa，最大值约为 290MPa，整个节点基本处于弹性状态下。可以认为在此荷载工况下，节点满足大震不屈服的设计要求。

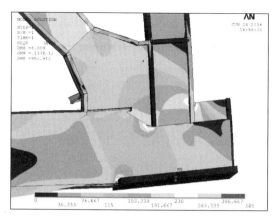

图 7.60　节点整体 Mises 应力云图

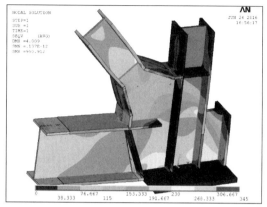

图 7.61　节点去除盖板后其余板件 Mises 应力云图

7.6.4　跨越桁架应力复核结果

以 TR1A、TR1B 为例，跨越桁架截面以及应力比的计算结果如图 7.62 所示。

跨越桁架挠度验算表如表 7.2 所示。

跨越桁架挠度验算结果　　　　　　　　　　表 7.2

跨越桁架挠度统计表（单位：m）

名称	跨长 L（m）	DL（m）	LL（m）	L/LL	$DL+LL$（m）	$L/(DL+LL)$	挠度
TR-1A	24.43	0.0261	0.007	3490	0.0331	738	满足
TR-2A	28.92	0.037	0.0142	2037	0.0512	565	满足
TR-3A	29.19	0.0455	0.0183	1595	0.0638	458	满足
TR-4A	29.73	0.047	0.0181	1643	0.0651	457	满足
TR-5A	30.21	0.043	0.0147	2055	0.0577	524	满足
TR-6A	30	0.0368	0.011	2727	0.0478	628	满足
TR-7A							
TR-8A							
TR-9A	17.74	0.0121	0.0034	5218	0.0155	1145	满足
TR-1B	16.34	0.0159	0.006	2723	0.0219	746	满足
TR-2B	20.76	0.016	0.0047	4417	0.0207	1003	满足
TR-3B	16.3	0.0125	0.0023	7087	0.0148	1101	满足
TR-4B	20.93	0.00148	0.004	5233	0.00548	3819	满足
TR-5B	20.91	0.0247	0.0077	2716	0.0324	645	满足
TR-6B	20.9	0.029	0.0097	2155	0.0387	540	满足
TR-7B	21.47	0.0245	0.0088	2440	0.0333	645	满足
TR-1C	13.95				0		
TR-2C	15.67	0.0116	0.004	3918	0.0156	1004	满足

跨越桁架挠度统计表（单位：m）

名称	跨长 L（m）	DL（m）	LL（m）	L/LL	$DL+LL$（m）	$L/(DL+LL)$	挠度
TR-3C	17.15	0.0185	0.007	2450	0.0255	673	满足
TR-4C	19.88	0.0268	0.0144	1381	0.0412	483	满足
TR-5C	22.63	0.0311	0.0174	1301	0.0485	467	满足
TR-6C	27.68	0.0379	0.0144	1922	0.0523	529	满足

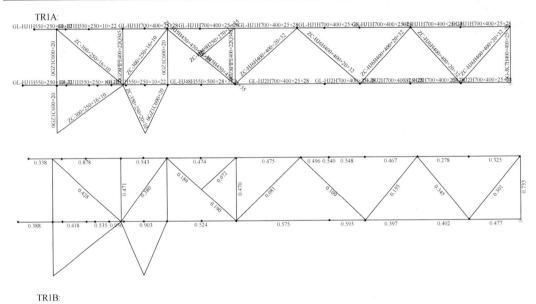

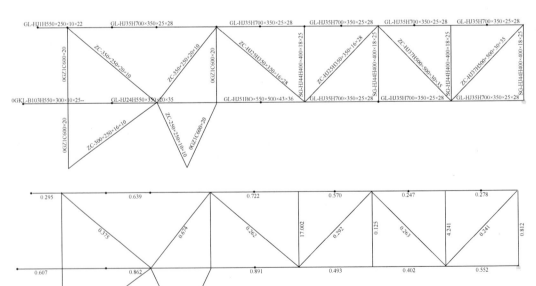

图 7.62 跨越桁架截面及应力比验算结果

参考文献

［1］ 刘枫，肖从真，徐自国等. 首都机场 3 号航站楼多维多点输入时程地震反应分析[J]. 建筑结构学报，2006，27(5).

［2］ 汪大绥，陆道渊，陆益鸣. 世茂深坑酒店总体结构设计[J]. 建筑结构，2011，41(12).

［3］ 钟善桐. 钢管混凝土结构[M]. 北京：清华大学出版社，2003.

第8章 楼板的应力分析与设计研究

8.1 楼板的受力特点

8.1.1 酒店标准层楼板受力特点

由于深坑酒店的立面为折线形，折线框架柱在楼层间有折角，所以在竖向力作用下，与常规楼面构件（楼板及框架梁）以承受弯矩为主的受力特点不同，本工程楼面构件除承担竖向荷载引起的弯矩外，还将承担由于斜柱产生的水平力作用，楼面构件为拉弯或压弯构件。

图 8.1　自重作用下由于框架柱折角水平分力引起的楼面钢梁及钢支撑轴力示意图

图 8.1 显示了某榀带支撑主框架楼面梁在自重作用下由于框架柱折角的水平分力引起的楼面梁及钢支撑轴力示意图，其中黄色为拉力，红色为压力。因此在框架梁设计时，如何考虑楼板的刚度贡献将对楼面钢梁的设计有较大的影响。

考虑到深坑酒店坑内主构件的重要性，结构设计的原则：酒店层楼面钢梁设计时，不考虑楼板刚度的贡献，由楼面钢框梁承担全部的拉弯或压弯内力；在进行酒店层楼板设计时，按实际刚度开展楼板应力分析，并采用整体刚度好、双向受力的钢筋桁架楼承板作为结构楼板选型。在楼板应力分析时，均已考虑了由于钢管柱折角处恒载＋活载下的水平分力对楼板应力的影响。

8.1.2 跨越桁架上下弦杆楼层楼板受力特点

跨越桁架与其上、下弦杆所在的 B1 层及坑上首层楼板对酒店层折线形主框架提供面外支承，对楼板的刚度要求较高，同时，考虑到跨越桁架杆件的内力较大，B1 层与坑上首层楼板无论从构造上的重要性还是受力上的复杂性均应对其进行加强处理。而对坑上首层楼板，由于跨越桁架在局部交汇，如图 8.2 所示，楼板将由于桁架弦杆的传力产生较大的楼板应力，楼板的应力分析和合理的布置以及构造措施将十分重要。

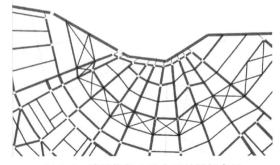

图 8.2　跨越桁架上弦交汇处梁板布置

8.2　典型酒店层楼板设计及构造

8.2.1　典型酒店层楼板应力分析

楼板混凝土强度等级为 C35，$f_{tk}=2.20\text{MPa}$，酒店标准层楼板厚度为 120mm。典型酒店层楼板应力分析结果如图 8.3～图 8.6 所示。恒载下典型楼板 X 方向正应力约 1.4MPa。

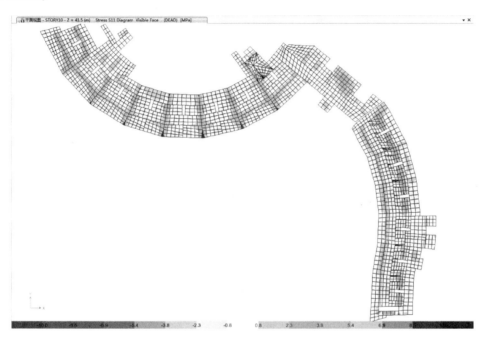

图 8.3　典型酒店标准层恒载下 X 方向正应力云图

恒载下典型楼板 Y 方向正应力约 1.5MPa。

活载下除两塔中间处（局部设备荷载）外，典型楼板 X 方向正应力约 0.6MPa。

活载下除两塔中间处（局部设备荷载）外，典型楼板 Y 方向正应力约 0.5MPa。

楼板 X 方向典型正应力 $\sigma_x=1.2\times1.4+1.4\times0.6=2.52\text{MPa}>f_{tk}=2.20\text{MPa}$；

楼板 Y 方向典型正应力 $\sigma_x=1.2\times1.5+1.4\times0.5=2.50\text{MPa}>f_{tk}=2.20\text{MPa}$。

这是楼板在折线形框架斜柱产生的水平力和楼面竖向荷载共同作用下的楼板应力。在竖向荷载作用下楼板的最大拉应力已经超过楼板混凝土抗拉强度 f_{tk}，同时，由于楼板平面为狭长形，平面不规则，为提高塔楼楼板平面内双向刚度，标准层楼板采用钢筋桁架楼承板。

典型酒店标准层楼板板底采用 Φ10@150 的双向配筋，板顶楼板应力较大的支座处采用 Φ8@100 的双向配筋。X 及 Y 方向 $\sigma_{钢筋_x}=\sigma_{钢筋_y}=(78\times6.66\times360+50\times10\times360)/(120\times1000)=3.06\text{MPa}$，满足楼板应力分析结果要求。

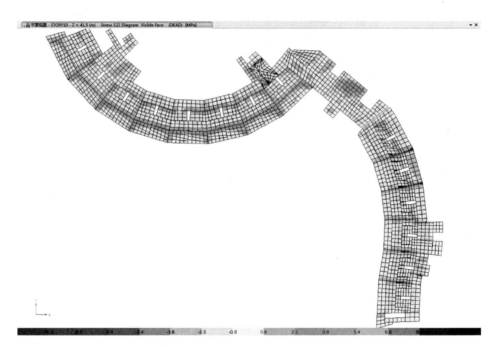

图 8.4　典型酒店标准层恒载下 Y 方向正应力云图

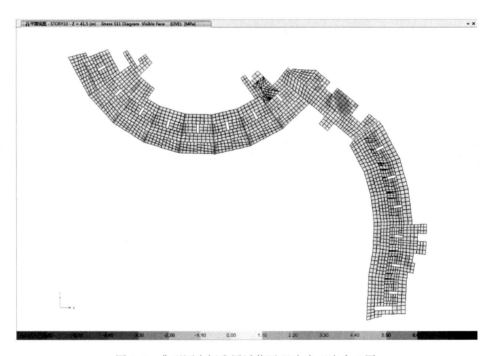

图 8.5　典型酒店标准层活载下 X 方向正应力云图

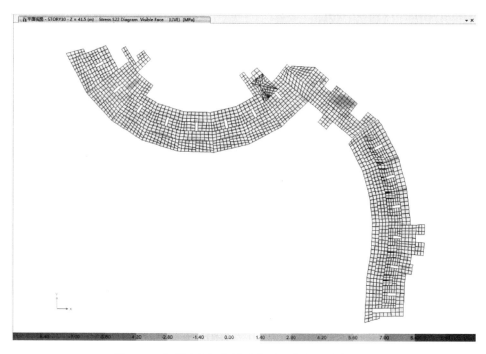

图 8.6　典型酒店标准层活载下 Y 方向正应力云图

8.2.2　钢筋桁架楼承板介绍及应用

钢筋桁架楼承板作为一种新型的模板体系由专业厂家生产，是将现浇混凝土楼板重的上、下层纵向钢筋（上下弦杆），与弯折成形的小直径钢筋（腹杆）焊接，组成具有一定

刚度且能承受荷载的小桁架，再将该小桁架的弯脚与肋高仅 2mm，板厚为0.5mm 的压型钢板焊接成一体的组合模板，组成一个在施工阶段能够承受混凝土自重及施工荷载的承重构件，同时可作为钢梁的侧向支撑。在使用阶段，钢筋桁架与混凝土共同作用，承受使用荷载。因此，钢筋桁架楼承板具有压型钢板组合楼板施工速度快的优势，又具有现浇整体刚度大、受力均匀、抗震性能好的优点。图 8.7 为钢筋桁架楼承板施工现场。

图 8.7　钢筋桁架楼承板施工现场

在结构设计时，根据楼板应力分析结果，结合钢筋桁架楼承板构造，给钢筋桁架楼承板配筋，典型楼层楼板配筋情况如图8.8 所示。

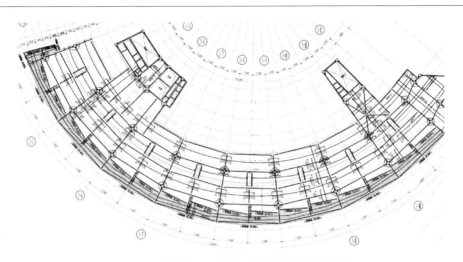

图 8.8　世茂深坑酒店典型标准层楼板配筋图

8.2.3　B1 及坑上首层（跨越桁架层）楼板分析与设计

跨越桁架与其上、下弦杆所在的 B1 层及坑上首层楼板对酒店层折线形主框架提供面外支承，对楼板的刚度要求较高；同时，考虑到跨越桁架杆件的内力较大，B1 层与坑上首层楼板无论从构造上的重要性还是受力上的复杂性均要求对其进行加强处理。在结构设计时，采取的设计对策如下：

（1）将 B1 层与坑上首层楼板加厚至 180mm，以满足 B1 层和首层嵌固的要求；

（2）对 B1 层与坑上首层楼板进行楼板应力专项分析；

（3）采用钢筋桁架楼承板或带肋钢铺板组合楼板对 B1 层及坑上首层楼板进行加强。

1）B1 层楼板竖向荷载下楼板应力分析

B1 层楼板在恒载工况下楼板应力云图如图 8.9～图 8.12 所示。最大应力出现在双塔

图 8.9　B1 层楼板在恒载工况下楼板 X 方向正应力云图

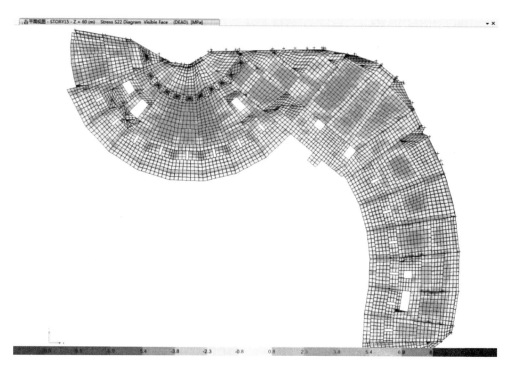

图 8.10　B1 层楼板在恒载工况下楼板 Y 方向正应力云图

图 8.11　B1 层楼板在活载工况下楼板 X 方向正应力云图

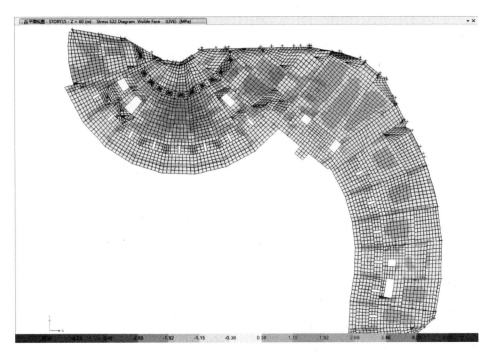

图 8.12　B1 层楼板在活载工况下楼板 Y 方向正应力云图

结构连接部位。其中恒载下 X 方向最大正应力约 2.3MPa，Y 方向最大正应力约 2.4MPa；活载下 X 方向最大正应力约 0.7MPa，Y 方向最大正应力约 0.6MPa。

楼板受力特点类似以跨越桁架为约束条件，最大正应力主要分布在跨越桁架之间。楼板应力基本与酒店标准层相同，故 B1 层楼板选型与酒店标准层相同，仍采用钢筋桁架楼承板，并根据楼板实际应力水平进行配筋设计。

楼板 X 方向楼板边缘最大正应力 $\sigma_x = 1.2 \times 2.3 + 1.4 \times 0.7 = 3.74\text{MPa} > f_{tk} = 2.20\text{MPa}$；

楼板 Y 方向楼板边缘最大正应力 $\sigma_x = 1.2 \times 2.4 + 1.4 \times 0.6 = 3.72\text{MPa} > f_{tk} = 2.20\text{MPa}$。

B1 层楼板板底采用$\oplus$12@150 的双向配筋，板面应力较大的支座处采用$\oplus$10@100 的双向配筋。X 及 Y 方向 $\sigma_{钢筋_x} = \sigma_{钢筋_y} = (113 \times 6.66 \times 360 + 78 \times 10 \times 360)/(180 \times 1000) = 3.07\text{MPa}$，同时混凝土楼板应力 $\sigma_{混凝土} = 1.57\text{MPa}$，$\sigma_{钢筋} + \sigma_{混凝土} = 4.64\text{MPa}$，满足楼板应力分析结果要求。

B1 层根据楼板应力分析结果进行的楼板配筋示意如图 8.13 所示。

2）坑上首层楼板竖向荷载下楼板应力分析

坑上首层楼板在恒载工况下楼板应力云图如图 8.14～图 8.17 所示。

从下列云图可以看出，坑上首层楼板在竖向荷载下的应力分布特点与 B1 层完全不同，楼板最大拉应力不再位于各榀跨越桁架之间，而是分布于各榀桁架斜向交汇的位置，其中恒载下 X 方向最大正应力约 3.4MPa，Y 方向最大正应力约 3.5MPa；活载下 X 方向最大正应力约 1.2MPa，Y 方向最大正应力约 1.1MPa。

楼板 X 方向楼板边缘最大正应力 $\sigma_x = 1.2 \times 3.4 + 1.4 \times 1.2 = 5.76\text{MPa} > f_{tk} = $

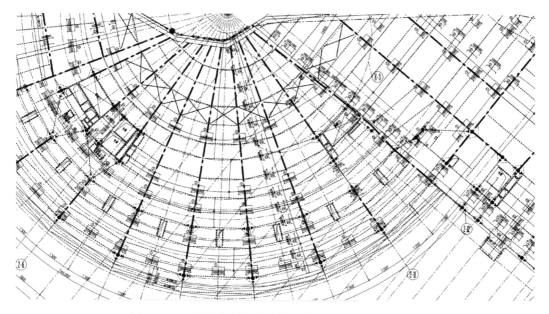

图 8.13　B1 层根据楼板应力分析结果进行的配筋设计图

图 8.14　坑上首层楼板在恒载工况下楼板 X 方向正应力云图

2.20MPa；

楼板 Y 方向楼板边缘最大正应力 $\sigma_x = 1.2 \times 3.5 + 1.4 \times 1.1 = 5.74\text{MPa} > f_{tk} = 2.20\text{MPa}$。

坑上首层楼板板底采用 Φ 12@150 的双向配筋，板顶应力较大的支座处采用 Φ 10@ 100 的双向配筋。X 及 Y 方向 $\sigma_{钢筋_x} = \sigma_{钢筋_y} = (113 \times 6.66 \times 360 + 78 \times 10 \times 360)/(180 \times$

图 8.15　坑上首层楼板在恒载工况下楼板 Y 方向正应力云图（局部放大）

图 8.16　坑上首层楼板在活载工况下楼板 X 方向正应力云图

1000）＝3.07MPa，同时混凝土楼板应力 $\sigma_{混凝土}$ ＝1.57MPa，$\sigma_{钢筋}$ ＋$\sigma_{混凝土}$ ＝4.64MPa，不满足楼板应力要求。

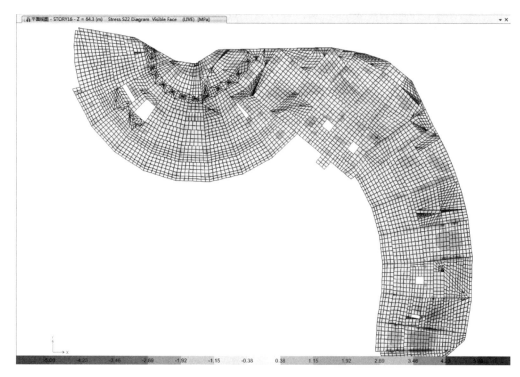

图 8.17　坑上首层楼板在活载工况下楼板 Y 方向正应力云图

8.2.4　坑上首层楼板局部应力水平较高的结构设计对策

　　虽 B1 层与坑上首层在局部均存在跨越桁架杆件交汇的情况，但由于 B1 层跨越桁架支座为空间铰支座，可以允许转动变形，楼板应力在一定程度上可以得到释放；而坑上首层由于楼板支座节点的构造接近于刚接连接，楼板的变形被明显限制，应力无法释放，故坑上首层局部的楼板应力较大。简单地采用加大楼板配筋或其他增加钢板等解决方案不仅增加了钢材用量，而且给施工带来了较大的不变。考虑到在实际计算时，跨越桁架杆件自身已经承担了绝大部分竖向荷载，在此局部楼板跨度极小的前提下，合理采用局部后浇的施工方法来解决楼板应力过于集中更为直接有效。

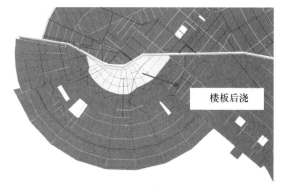

图 8.18　坑上首层楼板后浇区域

　　在进行施工顺序组织时，将图 8.18 中阴影区域在其他楼面结构施工完后，再进行浇筑，从而释放掉自重产生的应力，而楼板应力从：$\sigma_{总} = \sigma_{自重} + \sigma_{附加恒载} + \sigma_{活载}$ 减少为 $\sigma_{总} = \sigma_{附加恒载} + \sigma_{活载}$，由于附加恒载一般占全部恒载的 30％ 左右，故考虑实际施工顺序后，楼板竖向荷载下的综合应力为：

　　楼板 X 方向楼板边缘最大正应力 $\sigma_x = 1.2 \times 3.4 \times 0.3 + 1.4 \times 1.2 = 2.90 \mathrm{MPa}$；

　　楼板 Y 方向楼板边缘最大正应力 $\sigma_x = 1.2 \times 3.5 \times 0.3 + 1.4 \times 1.1 = 2.80 \mathrm{MPa}$；

坑上首层楼板板底采用Φ12@150 的双向配筋，板顶应力较大的支座处采用Φ10@ 100 的双向配筋。X 及 Y 方向 $\sigma_{\text{钢筋}_x} = \sigma_{\text{钢筋}_y} = (113 \times 6.66 \times 360 + 78 \times 10 \times 360)/(180 \times 1000) = 3.07\text{MPa}$，满足楼板应力分析结果要求。

参考文献

[1] 刘永健，刘君平，郭永平. 钢管混凝土截面粘结滑移性能[J]. 长安大学学报：自然科学版，2007，27(2).

[2] 哈敏强，陆益鸣，陆道渊. 世茂深坑酒店结构弹塑性时程分析[J]. 建筑结构，2011，41(12).

[3] M. Halis Gunel，H. EmreIlgin. A proposal for the classification of structural systems of tall buildings [J]. Building and Environment，2007，42(7).

第9章 施工模拟分析

9.1 不同施工顺序下框架内力变化规律研究

塔楼在正常工作状态下为上、下两点约束，如图9.1所示。典型酒店层结构平面布置图如图9.2以及图9.3所示。

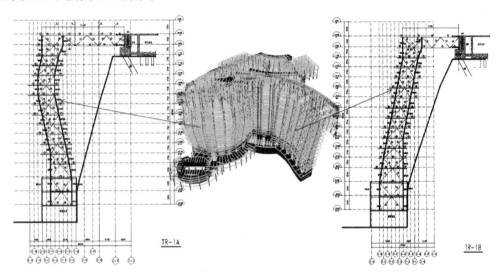

图 9.1 带支撑钢框架上、下两点支承的结构体系

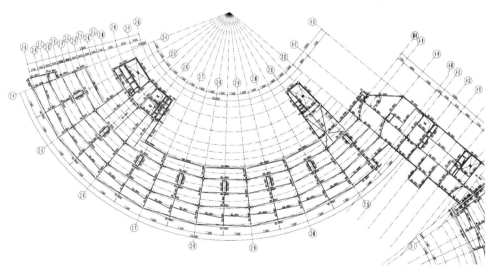

图 9.2 典型酒店层北侧单体结构平面布置图

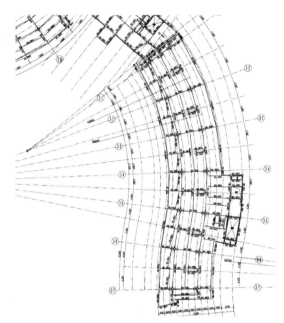

图9.3 典型酒店层南侧单体结构平面布置图

在塔楼施工过程中上支点约束需钢结构安装至高区跨越桁架处方可形成，其余大多数时候坑内酒店折线形主框架均为坑内单点支承，而且折线形主框架是倾斜的，随着施工楼层的层数增加，主框架的倾覆力矩会增加，故施工模拟分析尤为重要。施工模拟分析主要考虑不同施工顺序下构件内力变化规律对结构的影响。本次施工模拟分析根据现场的实际情况，原则上，对折线形弯曲框架不做或少做临时支撑，要考虑尽量通过结构自身刚度来平衡施工过程中的巨大倾覆弯矩。

在进行真实施工顺序下详细施工模拟分析之前，分析研究了如下三种施工工况下构件内力变化规律：

工况1. 主框架钢结构在荷载与刚度同时形成的一次性加载。这种施工顺序为结构设计计算时采用的施工顺序。

工况2. 刚度两次形成之后荷载逐层施加的施工顺序，如图9.4所示。首先折线形主框架刚度形成，然后跨越桁架施工完成，最后逐层施工楼面荷载。

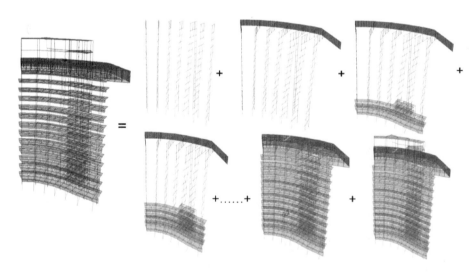

图9.4 跨越桁架刚度形成后再施工楼板

工况3. 荷载与刚度均逐层施加，如图9.5所示。在这种施工顺序下，每层的结构刚度形成之后，竖向荷载随即施加，与常规的高层结构施工顺序相同。

以其中一栋单塔结构为例，选取若干靠近坑内及靠近崖壁侧柱进行三种加载方式分析研究，分析结果如表9.1所示，表中靠近崖壁侧柱即为跨越桁架一侧钢管混凝土柱，靠近

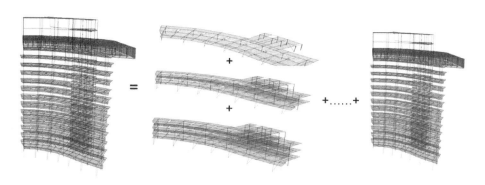

图 9.5 主框架结构逐层施工

坑内柱为另一侧钢管混凝土柱。

不同施工顺序下某榀框架钢管砼柱内力变化分析 表9.1

右侧跨越桁架施工模拟研究（单位：kN·m、kN）

柱编号	工况1：一次性加载			工况2：桁架两次形成刚度再逐层加载					工况3：逐层加载				
	N	Mx	My	N	Mx	My	N2/N1	M2/M1	N	Mx	My	N3/N1	M3/M1
靠近崖壁柱 TR5B-崖壁Z1	−7794	−144	−21	−9144	170	52	117%	122%	−11508	213	−59	148%	152%
	−7747	−165	28	−9097	−175	105	117%	122%	−11461	−295	62	148%	180%
TR5B-崖壁Z2	−6326	22	144	−7579	−41	118	120%	85%	−10201	56	−86	161%	70%
	−6293	−19	−210	−7546	−65	−227	120%	112%	−10168	−44	−323	162%	155%
TR6B-崖壁Z1	−7994	154	−38	−8976	156	−53	112%	104%	−12220	218	−94	153%	150%
	−7946	−160	53	−8928	−179	54	112%	111%	−12173	−286	112	153%	182%
TR6B-崖壁Z2	−6612	12	165	−7502	22	147	113%	90%	−11012	78	−71	167%	64%
	−6579	−9	−219	−7469	−5	−230	114%	105%	−10979	−51	−336	167%	156%
靠近坑内柱 TR5B-坑内Z1	−7541	−2	−55	−6306	−51	−40	84%	119%	−4127	20	−33	55%	70%
	−7488	4	172	−6253	−61	143	84%	91%	−4074	−5	161	54%	94%
TR5B-坑内Z2	−5253	18	−131	−4030	−35	−134	77%	105%	−1608	31	−144	31%	111%
	−5221	−17	197	−3997	−67	174	77%	94%	−1576	−19	175	30%	89%
TR6B-坑内Z1	−7907	−21	−50	−7120	−6	−41	90%	77%	−4439	2	−25	56%	47%
	−7854	18	187	−7067	18	169	90%	90%	−4386	9	177	56%	95%

注：N 表示工况1、工况2、工况3的轴力；M_x、M_y 表示工况1、工况2、工况3的弯矩

由表9.1可看出，相对一次性加载，考虑桁架刚度形成再施工楼板等竖向荷载以及逐层施工加载，均会增大钢柱倾斜方向（崖壁侧）的内力，而减少另一侧（坑内侧）钢柱的内力。

仅考虑自重工况，逐层加载内力变化较大，最大轴力增加达 50% 左右，此工况不建议采用。桁架刚度形成后再加楼板等自重，在自重下，柱的最大轴力增加值为 20%，考虑中震弹性内力叠加后，实际钢管混凝土柱的综合设计应力比在此施工顺序下增加不大于 13%。

最终施工顺序，根据本工程的特点，在低区，折线形框架的倾角较小，$P\text{-}\Delta$ 效应影响较小，楼板的混凝土可以同步浇筑；故采用楼板混凝土施工若干层后停止浇筑，待钢结构刚度以及上下支座约束形成后再补充浇筑楼板混凝土的施工顺序，有效得减小施工工况对钢构内力的影响。

在结构设计时，钢管混凝土柱、钢支撑等设计采用了考虑施工模拟分析的包络应力比的设计结果，确保结构设计的安全可靠；同时采用变形补偿、加强现场监测等技术措施有效减少施工工序的影响。

9.2 钢结构主框架吊装方案及施工顺序

整个施工主要分为 18 个施工步骤，其中第一步为埋设地下室钢骨柱及施工底部混凝土墙，在模型中不进行另行分析，计算模型中在 2 节柱开始安装之后定义为第一施工阶段（CS1），共计 17 个施工阶段分别命名为 CS1～CS17，分析各个不同施工阶段完成后，由于结构自重和施工荷载造成的结构支座（包括临时支座）及关键构件内力及结构变形情况。

各施工阶段的主要施工顺序如下：

第一步：施工一节钢骨柱及地下室墙体。地下钢柱的刚性约束形成。

第二步（CS1）：施工 2 节柱及支撑、钢梁（B13，B12 层），楼承板铺设，并浇筑楼板混凝土。（楼板荷载按自重考虑，施工楼层考虑 1.5 kN/m^2 的施工活载）。

第三步（CS2）：施工 3 节柱及支撑、钢梁（B11，B10 层），楼承板铺设，并浇筑楼板混凝土（楼板荷载按自重考虑，施工楼层考虑 1.5 kN/m^2 的施工活载）。

第四步（CS3）：施工 4 节柱及支撑、钢梁（B9，B8 层），楼承板铺设并浇筑楼板混凝土（楼板荷载按自重考虑，施工楼层考虑 1.5 kN/m^2 的施工活载）。

第五步（CS4）：施工 5 节柱及支撑、钢梁（B7，B6 层），楼承板铺设但不浇筑混凝土。

第六步（CS5）：施工 6 节柱及支撑、钢梁（B5，B4 层），楼承板铺设但不浇筑混凝土。

第七步（CS6）：施工 7 节柱及支撑、钢梁（B3，B2 层），楼承板铺设但不浇筑混凝土。此时 TR-3A 及 TR-6B 已到达不利位置点，需考虑风荷载的不利影响，施加风荷载。

第八步（CS7）：施工 8 节柱及支撑、钢梁（B1，1 层），楼承板铺设但不浇筑混凝土。

第九步（CS8）：吊装坑顶桁架第一分段，桁架端头上下弦各加 1 个临时约束支座。

第十步（CS9）：完成桁架下弦杆与坑底支撑框架的连接。

第十一步（CS10）：完成桁架上弦及腹杆连接，同时完成坑顶 2 层其他钢结构的安装，楼承板铺设，形成初步整体受力体系。

第十二步（CS11）：施工 9 节柱及支撑、钢梁（2 层，2 层顶），楼承板铺设但不浇筑混凝土。

第十三步（CS12）：卸载：拆除坑顶桁架的临时支座，坑顶桁架下弦盆式支座进入工作状态。

第十四步（CS13）：浇筑 B7，B6，B5 层楼板（施工楼层考虑 1.5kN/m^2 的施工活载）。

第十五步（CS14）：浇筑 B4，B3，B2 层楼板（施工楼层考虑 1.5kN/m^2 的施工活载）。

第十六步（CS15）：浇筑 B1，1 层楼板（施工楼层考虑 1.5kN/m^2 的施工活载）。

第十七步（CS16）：浇筑 2 层及屋面楼板（施工楼层考虑 1.5kN/m^2 的施工活载）。

第十八步（CS17）：加楼面装修荷载 2.5kN/m^2，楼面活载（酒店房间 2.5kN/m^2），墙体荷载 2.5kN/m^2，计算正常使用状态下结构受力情况。

以 TR3A 为例说明带支撑主框架的施工步骤，如图 9.6 所示。

本次施工模拟采用迈达斯技术有限公司的 MIDAS GEN 软件（8.0 版本）进行分析。

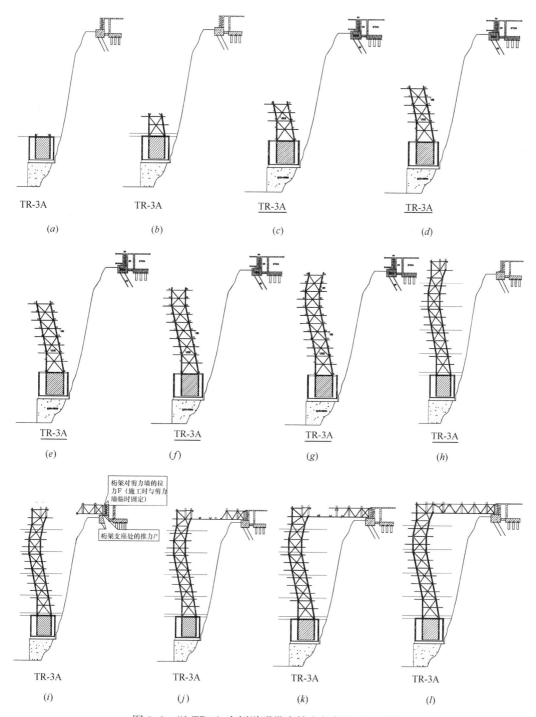

图 9.6　以 TR3A 为例说明带支撑主框架的施工步骤

(a) CS0；(b) CS1；(c) CS2；(d) CS3；(e) CS4；(f) CS5；(g) CS6；
(h) CS7；(i) CS8；(j) CS9；(k) CS10；(l) CS11～CS17

施工模拟分析采用的荷载如下，并考虑了 P-Δ 效应。

1）恒载

a. 构件自重；b. 墙体荷载：2.5kN/m²；c. 装修荷载：2.5kN/m²

2）活载

a. 施工阶段活荷载：1.5kN/m²；b. 使用阶段活荷载：2.5kN/m²

3）风荷载

9.3　各施工步骤分析模型及内力变形图

施工步 1：安装第二节钢柱（2 层一节）及相关构件；

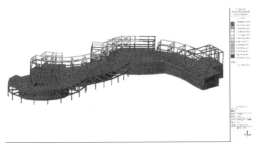

图 9.7　CS1 施工完成后变形（最大　　　　图 9.8　CS1 施工完成后构件整体应力
　　　　水平位移 1.8mm）

施工步 2：安装第三节柱（2 层一节）及相关构件；

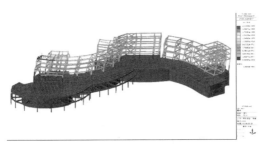

图 9.9　CS2 施工完成后变形（最大　　　　图 9.10　CS2 施工完成后构件整体应力
　　　　水平位移 2.1mm）

施工步 3：安装第四节柱（2 层一节）及相关构件；

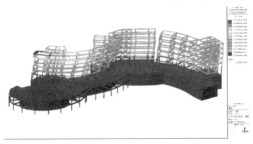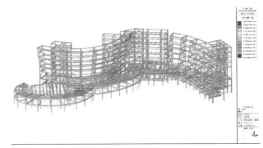

图 9.11　CS3 施工完成后变形（最大　　　　图 9.12　CS3 施工完成后构件整体应力
　　　　水平位移 5.1mm）

施工步4：安装第五节柱（2层一节）及相关构件；

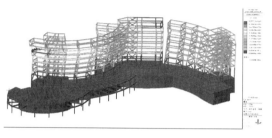 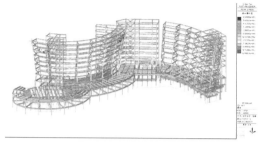

图9.13　CS4施工完成后变形（最大　　　　　图9.14　CS4施工完成后构件整体应力
　　　　水平位移6.9mm）

施工步5：安装第六节柱（2层一节）及相关构件；

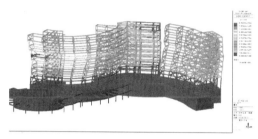 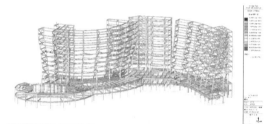

图9.15　CS5施工完成后变形（最大　　　　　图9.16　CS5施工完成后构件整体应力
　　　　水平位移8.8mm）

施工步6：安装第七节柱（2层一节）及相关构件；

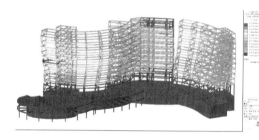 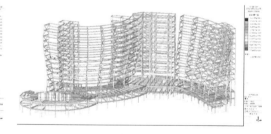

图9.17　CS6施工完成后变形（最大　　　　　图9.18　CS6施工完成后构件整体应力
　　　　水平位移10.3mm）

施工步7：安装第八节柱（2层一节）及相关构件；

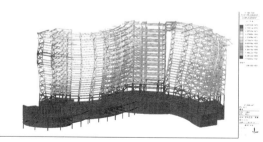 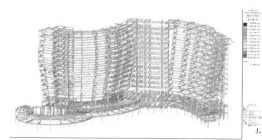

图9.19　CS7施工完成后变形（最大　　　　　图9.20　CS7施工完成后构件整体应力
　　　　水平位移18.9mm）

施工步8：安装第九节柱（2层一节）及相关构件；

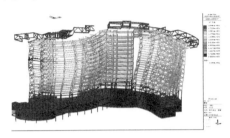

图 9.21　CS8 施工完成后变形（最大　　　图 9.22　CS8 施工完成后构件整体应力
　　　　　水平位移 18.9mm）

施工步9：继续安装坑顶大桁架的下弦杆与主楼进行连接，并逐步完成桁架的腹杆、上弦杆的安装；

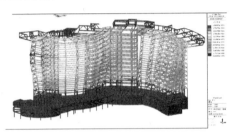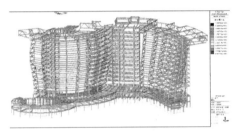

图 9.23　CS9 施工完成后变形（最大　　　图 9.24　CS9 施工完成后构件整体应力
　　　　　水平位移 19.1mm）

施工步10：完成坑顶桁架的安装；

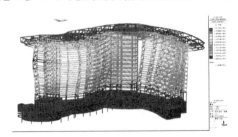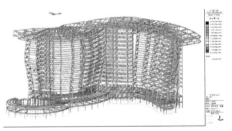

图 9.25　CS10 施工完成后变形（最大　　　图 9.26　CS10 施工完成后构件整体应力
　　　　　水平位移 19.4mm）

施工步11：完成坑顶2层钢结构吊装；

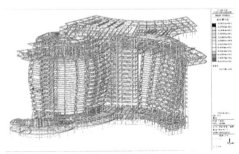

图 9.27　CS11 施工完成后变形（最大　　　图 9.28　CS11 施工完成后构件整体应力
　　　　　水平位移 19.8mm）

施工步 12：完成坑顶 2 层钢结构吊装释放桁架约束，变为滑动支座；

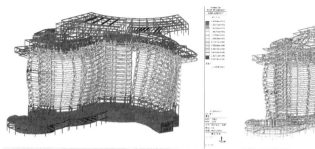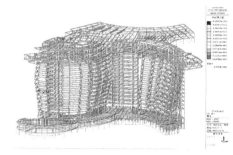

图 9.29　CS12 施工完成后变形（最大　　　　　图 9.30　CS12 施工完成后构件整体应力
　　　　　水平位移 20mm）

施工步 13：浇筑 B7，B6，B5 层楼板；

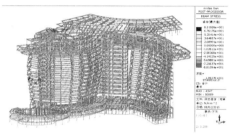

图 9.31　CS13 施工完成后变形（最大　　　　　图 9.32　CS13 施工完成后构件整体应力
　　　　　水平位移 22.1mm）

施工步 14：浇筑 B4，B3，B2 层楼板；

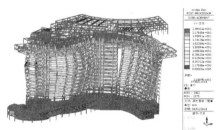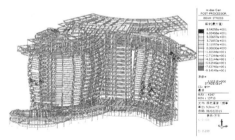

图 9.33　CS14 施工完成后变形（最大　　　　　图 9.34　CS14 施工完成后构件整体应力
　　　　　水平位移 24mm）

施工步 15：浇筑 B1，1 层楼板；

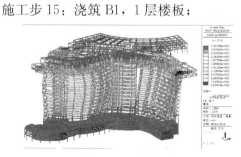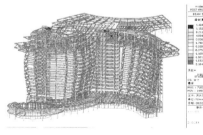

图 9.35　CS15 施工完成后变形（最大　　　　　图 9.36　CS15 施工完成后构件整体应力
　　　　　水平位移 31mm）

施工步 16：浇筑 2 层、屋面楼板；

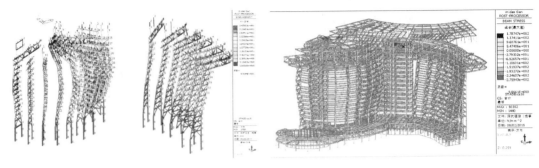

图 9.37　CS16 施工完成后变形（最大　　　　图 9.38　CS16 施工完成后构件整体应力
　　　　　水平位移 34mm）

施工步 17：添加使用荷载（装修面层和活载，隔墙荷载）。

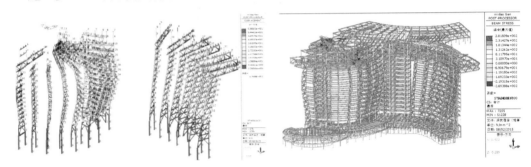

图 9.39　CS17 施工完成后变形（最大　　　　图 9.40　CS17 施工完成后构件整体应力
　　　　　水平位移 59mm）

9.4　施工模拟分析计算结果

计算结果表明，TR-3A 及 TR-6B 单榀桁架的内力及位移较大，最为不利，以桁架 TR-3A 及 TR-6B 为例对计算结果进行分析。

TR-3A 及 TR-6B 单榀桁架的节点号如图 9.41 所示，构件号按节点编号与节点编号之间的连号命名。

9.4.1　结构整体受力变化规律

从施工模拟计算过程可以看出，CS1～CS7 工况（竖向桁架形成阶段）作用下，构件的内力及位移逐步增加。

TR-3A 桁架在构件逐渐形成的过程中，由于构件形态的原因造成偏心距很大而形成拐点，从计算结果可以看出，拐点处内力及变形最大，如外拐点"5"及内拐点"18"，这就造成钢柱、钢梁和钢斜撑不同的受力特点，其中钢柱"1-3"、"3-5"、"18-20"、"20-22"内力较大；钢斜撑"5-10"、"9-14"、"13-18"、"26-31"内力较大；钢梁"9-10"、"13-

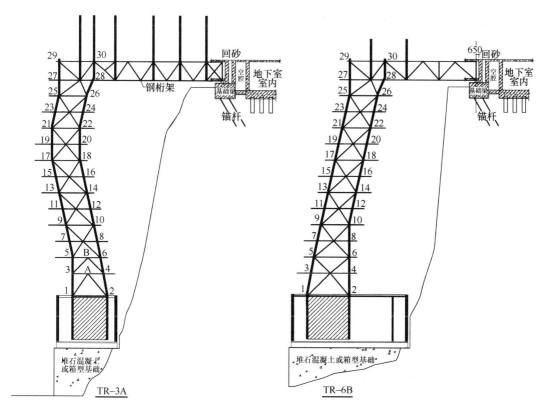

图 9.41 TR-3A 及 TR-6B 单榀桁架的节点编号

"14"、"25-26"内力较大。

TR-6B 桁架在构件逐渐形成的过程中，由于竖向构件往一边倾斜，桁架内侧钢柱受力（受压）最大，外侧钢柱在倾覆弯矩的作用下内力逐渐减小。从计算结果可以看出，拐点处内力及变形最大，TR-6B 的内拐点为"10"节点及"26"节点，也造成钢柱、钢梁和钢斜撑不同的受力特点，其中钢柱"2-4"、"4-6"、"6-8"内力较大；钢斜撑"10-13"、"14-17"内力较大；钢梁"5-6"、"9-10"内力较大。

CS8～CS11 为跨越桁架形成阶段，此阶段由于不浇筑混凝土，荷载较小，相应的内力及位移变化较小；CS12 工况为拆除坑顶桁架临时支座，盆式支座进入工作状态，此时由于跨越桁架上方的 2 层钢结构构件已安装，此部分构件与坑顶地基完全刚接，并通过跨越桁架将坑顶以下的支撑框架结构完全拉住，形成整体受力结构体系。CS13～CS16 为浇筑 B7 层～屋面层楼板阶段，CS17 为装修及使用阶段工况，此阶段由于荷载较大，内力及位移变化明显。TR-3A 最大水平位移为 53mm，跨越桁架最大挠度 67mm；TR-6B 最大水平位移为 18mm，跨越桁架最大挠度 50mm；各竖向桁架的水平位移及水平跨越桁架的竖向位移如表 9.2 所示。结果表明：在正常使用的标准荷载组合下，桁架挠跨比小于规范要求的 1/400。

| | | | | 表 9. 2 |

考虑施工模拟分析的桁架变形验算　　　　表 9. 2

考虑施工模拟的主框架最大水平位移及挠跨比				考虑施工模拟的跨越桁架竖向位移		
桁架编号	DX (mm)	DY (mm)	DXY (mm)	挠跨比	竖向挠度 (mm)	桁架跨度 (m)	挠跨比
TR-1A	10	59	60	1/898	26	30	1/1154
TR-2A	7	49	49	1/1100	48	30	1/625
TR-3A	6	52	53	1/1017	67	30	1/448
TR-4A	6	51	51	1/1056	69	30	1/435
TR-5A	5	45	45	1/1198	57	30	1/526
TR-6A	2	37	38	1/1418	34	30	1/882
TR-8A	2	39	39	1/1382	20	17.7	1/885
TR-1B	19	7	20	1/2695	19	20	1/1053
TR-2B	17	7	19	1/2836	22	20	1/909
TR-3B	16	7	18	1/2994	17	20	1/1176
TR-4B	16	7	18	1/2994	23	20	1/870
TR-5B	16	7	18	1/2994	41	20	1/488
TR-6B	16	7	18	1/2994	50	20	1/400
TR-7B	13	9	16	1/3369	40	20	1/500

9.4.2　施工模拟计算内力与一次性加载内力对比分析

为了真实反映实际施工与一次性加载之间的差异，将施工模拟计算结果与一次性加载计算结果进行对比分析。以典型桁架"TR-3A"、"TR-6B"的为例，如图 9.42～图 9.53 所示。

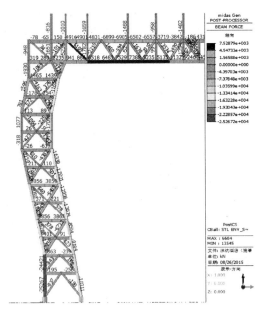

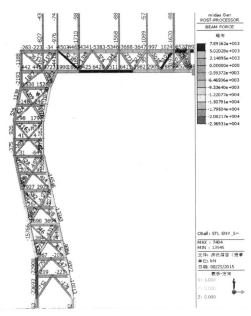

图 9.42　施工模拟加载 TR-3A 的轴力　　　　图 9.43　一次性加载 TR-3A 的轴力

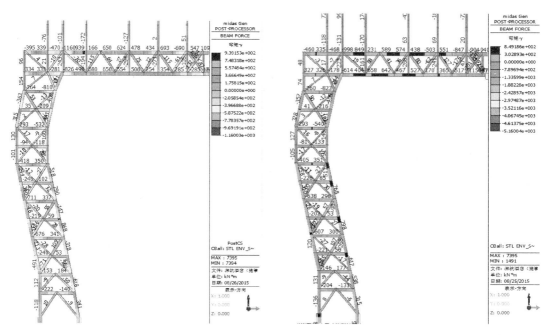

图 9.44 施工模拟加载 TR-3A 的弯矩（My）　　图 9.45 一次性加载 TR-3A 的轴力（My）

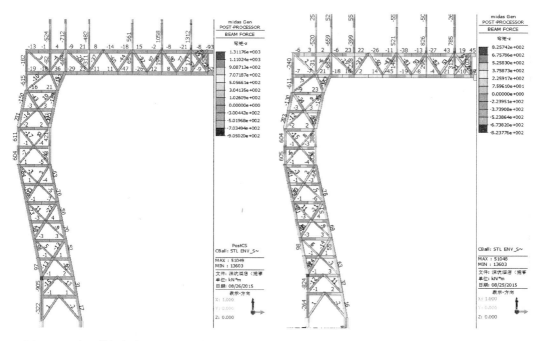

图 9.46 施工模拟加载 TR-3A 的弯矩（Mz）　　图 9.47 一次性加载 TR-3A 的轴力（Mz）

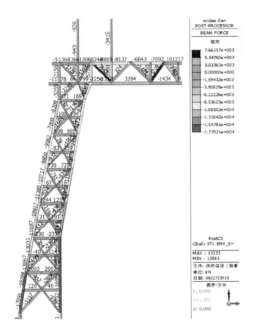

图 9.48　施工模拟加载 TR-6B 的轴力

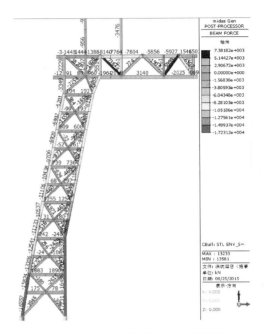

图 9.49　一次性加载 TR-6B 的轴力

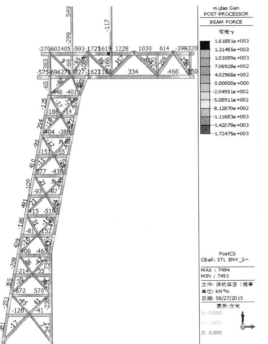

图 9.50　施工模拟加载 TR-6B 的弯矩 My

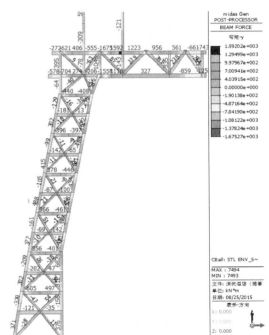

图 9.51　一次性加载 TR-6B 的弯矩 My

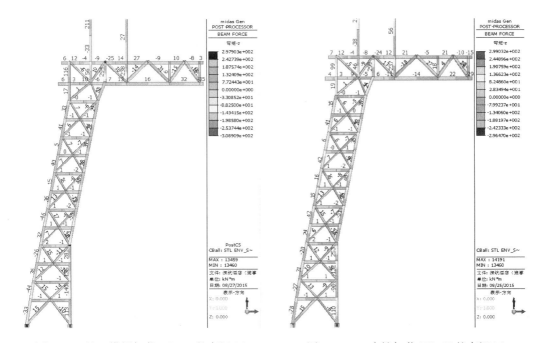

图 9.52 施工模拟加载 TR-6B 的弯矩 Mz　　　图 9.53 一次性加载 TR-6B 的弯矩 Mz

9.4.3 施工模拟计算应力比与一次性加载应力比计算结果对比及规律分析

（1）钢梁、钢支撑、钢桁架的应力比比较

以 TR1A、TR1B 为例，提取桁架的应力比进行对比分析，如图 9.54～图 9.57 所示。

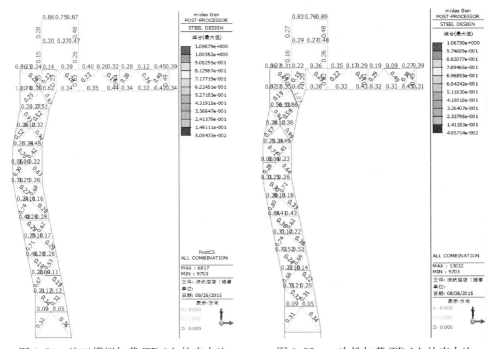

图 9.54 施工模拟加载 TR-1A 的应力比　　　图 9.55 一次性加载 TR-1A 的应力比

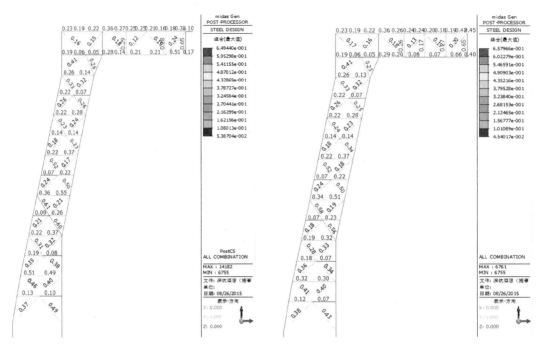

图 9.56　施工模拟加载 TR-1B 的应力比　　　　图 9.57　一次性加载 TR-1B 的应力比

（2）钢梁、钢支撑及钢桁架应力比对比分析

选取应力比较大的钢梁、钢支撑和钢桁架进行对比分析，如表 9.3～表 9.5 所示。计算结果表明，钢支撑施工模拟加载较一次性加载应力比普遍增大 1‰～5‰，钢梁、钢桁架施工模拟加载较一次性加载应力比普遍增大 2‰～10‰。

TR-1A～TR-8A 钢支撑施工模拟与一次性加载应力比变化　　　　表 9.3

TR-1A-TR-8A 钢支撑施工模拟与一次性加载应力比变化情况						
桁架编号	编号	类型	一次性加载应力比	施工模拟加载应力比	应力比增加值	应力比增加百分比
TR-1A	TR-1A-510	钢支撑	0.56	0.57	0.01	2‰
	TR-1A-914	钢支撑	0.74	0.71	−0.03	−4‰
	TR-1A-1318	钢支撑	0.80	0.71	−0.09	−11‰
	TR-1A-2631	钢支撑	1.07	0.97	−0.10	−9‰
TR-2A	TR-2A-510	钢支撑	0.76	0.80	0.04	5‰
	TR-2A-914	钢支撑	0.73	0.73	0.00	0‰
	TR-2A-1318	钢支撑	0.80	0.82	0.02	2‰
	TR-2A-2631	钢支撑	0.89	0.91	0.02	2‰
TR-3A	TR-3A-510	钢支撑	0.88	0.91	0.03	3‰
	TR-3A-914	钢支撑	0.87	0.89	0.02	2‰
	TR-3A-1318	钢支撑	0.95	0.96	0.01	1‰
	TR-3A-2631	钢支撑	0.88	0.88	0.00	0‰

TR-1A-TR-8A 钢支撑施工模拟与一次性加载应力比变化情况

桁架编号	编号	类型	一次性加载应力比	施工模拟加载应力比	应力比增加值	应力比增加百分比
TR-4A	TR-4A-510	钢支撑	0.90	0.93	0.03	3%
	TR-4A-914	钢支撑	0.88	0.89	0.01	1%
	TR-4A-1318	钢支撑	0.88	0.89	0.01	1%
	TR-4A-2631	钢支撑	0.73	0.73	0.00	0%
TR-5A	TR-5A-510	钢支撑	0.82	0.85	0.03	4%
	TR-5A-914	钢支撑	0.85	0.87	0.02	2%
	TR-5A-1318	钢支撑	0.86	0.86	0.00	0%
	TR-5A-2631	钢支撑	0.78	0.77	−0.01	−1%
TR-6A	TR-6A-510	钢支撑	0.54	0.55	0.01	2%
	TR-6A-914	钢支撑	0.56	0.55	−0.01	−2%
	TR-6A-1318	钢支撑	0.59	0.57	−0.02	−3%
	TR-6A-2631	钢支撑	0.76	0.77	0.01	1%
TR-7A	TR-7A-510	钢支撑	0.69	0.71	0.02	3%
	TR-7A-914	钢支撑	0.81	0.80	−0.01	−1%
	TR-7A-1318	钢支撑	0.80	0.78	−0.02	−3%
	TR-7A-2631	钢支撑	0.81	0.84	0.03	4%
TR-8A	TR-8A-510	钢支撑	0.67	0.70	0.03	4%
	TR-8A-914	钢支撑	0.72	0.75	0.03	4%
	TR-8A-1318	钢支撑	0.67	0.65	−0.02	−3%
	TR-8A-2631	钢支撑	0.56	0.55	−0.01	−2%

TR-1A～TR-8A 钢梁、水平桁架施工模拟与一次性加载应力比变化表　　表 9.4

TR-1A-TR-8A 钢梁、水平桁架施工模拟与一次性加载应力比变化情况

桁架编号	编号	类型	一次性加载应力比	施工模拟加载应力比	应力比增加值	应力比增加百分比
TR-1A	TR-1A-910	钢梁	0.73	0.77	0.04	5%
	上弦杆	水平桁架	0.35	0.40	0.05	14%
	下弦杆	水平桁架	0.33	0.35	0.02	6%
	腹杆	水平桁架	0.38	0.40	0.02	5%
TR-2A	TR-2A-910	钢支撑	0.56	0.71	0.15	27%
	上弦杆	水平桁架	0.57	0.58	0.01	2%
	下弦杆	水平桁架	0.64	0.64	0.00	0%
	腹杆	水平桁架	0.70	0.71	0.01	1%
TR-3A	TR-3A-910	钢支撑	0.67	0.69	0.02	3%
	上弦杆	水平桁架	0.99	1.00	0.01	1%

桁架编号	编号	类型	一次性加载应力比	施工模拟加载应力比	应力比增加值	应力比增加百分比
		TR-1A-TR-8A 钢梁、水平桁架施工模拟与一次性加载应力比变化情况				
TR-3A	下弦杆	水平桁架	0.94	0.95	0.01	1%
	腹杆	水平桁架	0.72	0.79	0.07	10%
	桁架上柱	水平桁架	0.98	1.05	0.07	7%
TR-4A	TR-4A-910	钢梁	0.67	0.70	0.03	4%
	上弦杆	水平桁架	0.97	0.96	−0.01	−1%
	下弦杆	水平桁架	0.93	0.94	0.01	1%
	腹杆	水平桁架	0.62	0.67	0.05	8%
	桁架上柱	水平桁架	0.80	0.82	0.02	2%
TR-5A	TR-5A-910	钢梁	0.58	0.60	0.02	3%
	上弦杆	水平桁架	0.68	0.71	0.03	4%
	下弦杆	水平桁架	0.74	0.75	0.01	1%
	腹杆	水平桁架	0.60	0.61	0.01	2%
	桁架上柱	水平桁架	0.80	0.82	0.02	2%
TR-6A	TR-6A-910	钢梁	0.26	0.42	0.16	62%
	上弦杆	水平桁架	0.47	0.48	0.01	2%
	下弦杆	水平桁架	0.73	0.62	−0.11	−15%
	腹杆	水平桁架	1.03	0.98	−0.05	−5%
	桁架上柱	水平桁架	0.61	0.56	−0.05	−8%
TR-7A	TR-7A-910	钢梁	0.56	0.68	0.12	21%
TR-8A	TR-8A-910	钢梁	0.74	0.48	−0.26	−35%
	上弦杆	水平桁架	0.71	0.69	−0.02	−3%
	下弦杆	水平桁架	0.76	0.74	−0.02	−3%
	腹杆	水平桁架	0.98	1.04	0.06	6%

TR-1B～TR-7B 钢梁、钢支撑施工模拟与一次性加载应力比变化　　　表 9.5

桁架编号	编号	类型	一次性加载应力比	施工模拟加载应力比	应力比增加值	应力比增加百分比
		TR-1B-TR-7B 钢梁、钢支撑施工模拟与一次性加载应力比变化情况				
TR-1B	TR-1B-1314	钢支撑	0.58	0.61	0.03	5%
	TR-1B-910	钢梁	0.51	0.55	0.04	8%
	上弦杆	水平桁架	0.36	0.36	0.00	0%
	下弦杆	水平桁架	0.29	0.28	−0.01	−3%
	腹杆	水平桁架	0.65	0.65	0.00	0%
TR-2B	TR-2B-1314	钢支撑	0.59	0.59	0.00	0%
	TR-2B-910	钢梁	0.80	0.84	0.04	5%

TR-1B-TR-7B钢梁、钢支撑施工模拟与一次性加载应力比变化情况

桁架编号	编号	类型	一次性加载应力比	施工模拟加载应力比	应力比增加值	应力比增加百分比
TR-2B	上弦杆	水平桁架	0.39	0.43	0.04	10%
	下弦杆	水平桁架	0.29	0.45	0.16	55%
	腹杆	水平桁架	0.57	0.62	0.05	9%
TR-3B	TR-3B-1314	钢支撑	0.52	0.52	0.00	0%
	TR-3B-910	钢梁	0.62	0.65	0.03	5%
	上弦杆	水平桁架	0.43	0.43	0.00	0%
	下弦杆	水平桁架	0.37	0.52	0.15	41%
	腹杆	水平桁架	0.88	0.92	0.04	5%
TR-4B	TR-4B-1314	钢支撑	0.52	0.52	0.00	0%
	TR-4B-910	钢梁	0.69	0.73	0.04	6%
	上弦杆	水平桁架	0.56	0.60	0.04	7%
	下弦杆	水平桁架	0.65	0.69	0.04	6%
	腹杆	水平桁架	0.85	0.86	0.01	1%
TR-5B	TR-5B-1314	钢支撑	0.58	0.58	0.00	0%
	TR-5B-910	钢梁	0.77	0.82	0.05	6%
	上弦杆	水平桁架	0.83	0.83	0.00	0%
	下弦杆	水平桁架	0.66	0.70	0.04	6%
	腹杆	水平桁架	0.71	0.71	0.00	0%
TR-6B	TR-6B-1314	钢支撑	0.59	0.62	0.03	5%
	TR-6B-910	钢梁	0.80	0.85	0.05	6%
	上弦杆	水平桁架	1.11	1.13	0.02	2%
	下弦杆	水平桁架	0.82	0.85	0.04	4%
	腹杆	水平桁架	0.88	0.88	0.00	0%
TR-7B	TR-7B-1314	钢支撑	0.57	0.57	0.00	0%
	TR-7B-910	钢梁	0.53	0.56	0.03	6%
	上弦杆	水平桁架	1.12	1.11	−0.01	−1%
	下弦杆	水平桁架	0.68	0.69	0.01	1%
	腹杆	水平桁架	0.53	0.53	0.00	0%

（3）钢管混凝土柱构件验算应力比的比较

本次比较选取钢管混凝土柱应力比最大的构件进行对比，选取构件为 TR-1A-13、TR-1A-35、TR-1A-24、TR-1A-46 及 TR-1B-13、TR-1B-35、TR-1B-24、TR-1B-46，具体位置详见图 9.58。

钢管混凝土柱构件应力比验算时，依据规范《钢管混凝土结构技术规程》CECS28-2012 进行计算，采用手工输入 excel 表格的方法，excel 表格的内容详见附件。各桁架构

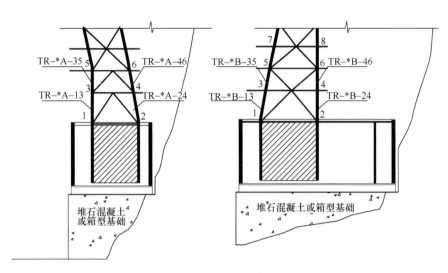

图 9.58 选取的钢管混凝土柱编号

件施工模拟加载与一次性加载的计算应力比结果如表 9.6、表 9.7 所示。

如表 9.6、表 9.7 所示，计算结果表明，施工模拟加载较一次性加载应力比普遍增大 2%～10%。

TR-1A～TR-8A 钢管混凝土柱施工模拟与一次性加载应力比变化表   表 9.6

桁架编号	柱编号	直径 D	壁厚	钢材	混凝土	一次性加载应力比	施工模拟加载应力比	应力比增加值	应力比增加百分比
TR-1A	TR-1A-13	700	25	Q345	C60	0.47	0.46	−0.01	−2%
	TR-1A-35	700	25	Q345	C60	0.52	0.52	−0.01	−1%
	TR-1A-24	600	22	Q345	C60	0.24	0.24	0.00	−1%
	TR-1A-46	600	22	Q345	C60	0.24	0.20	−0.04	−15%
TR-2A	TR-2A-13	700	25	Q345	C60	0.70	0.72	0.02	3%
	TR-2A-35	700	25	Q345	C60	0.77	0.80	0.03	4%
	TR-2A-24	600	22	Q345	C60	0.43	0.46	0.02	6%
	TR-2A-46	600	22	Q345	C60	0.46	0.48	0.03	6%
TR-3A	TR-3A-13	700	25	Q345	C60	0.79	0.82	0.03	4%
	TR-3A-35	700	25	Q345	C60	0.86	0.90	0.04	4%
	TR-3A-24	600	22	Q345	C60	0.49	0.51	0.03	5%
	TR-3A-46	600	22	Q345	C60	0.52	0.56	0.03	6%
TR-4A	TR-4A-13	700	25	Q345	C60	0.81	0.84	0.03	4%
	TR-4A-35	700	25	Q345	C60	0.86	0.90	0.03%	4%
	TR-4A-24	600	22	Q345	C60	0.50	0.52	0.03	5%
	TR-4A-46	600	22	Q345	C60	0.54	0.57	0.03	6%

TR-1A-TR-8A 钢管混凝土柱施工模拟与一次性加载应力比变化情况

桁架编号	柱编号	直径 D	壁厚	钢材	混凝土	一次性加载应力比	施工模拟加载应力比	应力比增加值	应力比增加百分比
TR-5A	TR-5A-13	700	25	Q345	C60	0.75	0.78	0.03	4%
	TR-5A-35	700	25	Q345	C60	0.81	0.84	0.03	4%
	TR-5A-24	600	22	Q345	C60	0.47	0.50	0.03	6%
	TR-5A-46	600	22	Q345	C60	0.50	0.53	0.03	6%
TR-6A	TR-6A-13	700	25	Q345	C60	0.39	0.40	0.00	1%
	TR-6A-35	700	25	Q345	C60	0.40	0.41	0.01	3%
	TR-6A-24	600	22	Q345	C60	0.26	0.27	0.01	5%
	TR-6A-46	600	22	Q345	C60	0.26	0.27	0.01	6%
TR-7A	TR-7A-13	700	25	Q345	C60	0.60	0.64	0.03	5%
	TR-7A-35	700	25	Q345	C60	0.68	0.68	0.00	0%
	TR-7A-24	600	22	Q345	C60	0.34	0.37	0.02	7%
	TR-7A-46	600	22	Q345	C60	0.33	0.36	0.03	10%
TR-8A	TR-8A-13	700	25	Q345	C60	0.58	0.61	0.03	5%
	TR-8A-35	700	25	Q345	C60	0.67	0.69	0.02	3%
	TR-8A-24	600	22	Q345	C60	0.38	0.38	0.01	2%
	TR-8A-46	600	22	Q345	C60	0.35	0.36	0.02	4%

TR-1B~TR-7B 钢管混凝土柱施工模拟与一次性加载应力比变化表　　表 9.7

TR-1B-TR-7B 钢管混凝土柱施工模拟与一次性加载应力比变化情况

桁架编号	柱编号	直径 D	壁厚	钢材	混凝土	一次性加载应力比	施工模拟加载应力比	应力比增加值	应力比增加百分比
TR-1B	TR-1B-13	600	25	Q345	C60	0.46	0.49	0.03	6%
	TR-1B-35	600	25	Q345	C60	0.40	0.41	0.01	3%
	TR-1B-24	600	25	Q345	C60	0.50	0.53	0.03	6%
	TR-1B-46	600	25	Q345	C60	0.45	0.48	0.02	5%
TR-2B	TR-2B-13	600	25	Q345	C60	0.53	0.56	0.03	5%
	TR-2B-35	600	25	Q345	C60	0.44	0.48	0.04	9%
	TR-2B-24	600	25	Q345	C60	0.58	0.60	0.01	2%
	TR-2B-46	600	25	Q345	C60	0.54	0.56	0.01	2%
TR-3B	TR-3B-13	600	25	Q345	C60	0.51	0.53	0.02	3%
	TR-3B-35	600	25	Q345	C60	0.41	0.44	0.03	7%
	TR-3B-24	600	25	Q345	C60	0.58	0.59	0.00	1%
	TR-3B-46	600	25	Q345	C60	0.51	0.53	0.02	3%
TR-4B	TR-4B-13	600	25	Q345	C60	0.55	0.56	0.02	3%
	TR-4B-35	600	25	Q345	C60	0.47	0.49	0.02	5%
	TR-4B-24	600	25	Q345	C60	0.59	0.60	0.00	0%
	TR-4B-46	600	25	Q345	C60	0.53	0.55	0.01	2%

桁架编号	柱编号	直径 D	壁厚	钢材	混凝土	一次性加载应力比	施工模拟加载应力比	应力比增加值	应力比增加百分比
	TR-5B-13	600	25	Q345	C60	0.68	0.70	0.02	3%
TR-5B	TR-5B-35	600	25	Q345	C60	0.62	0.65	0.03	4%
	TR-5B-24	600	25	Q345	C60	0.72	0.72	0.00	−1%
	TR-5B-46	600	25	Q345	C60	0.64	0.67	0.03	5%
	TR-6B-13	600	25	Q345	C60	0.73	0.75	0.01	2%
TR-6B	TR-6B-35	600	25	Q345	C60	0.70	0.71	0.01	2%
	TR-6B-24	600	25	Q345	C60	0.75	0.76	0.01	1%
	TR-6B-46	600	25	Q345	C60	0.67	0.71	0.04	6%
	TR-7B-13	600	25	Q345	C60	0.54	0.56	0.02	3%
TR-7B	TR-7B-35	600	25	Q345	C60	0.51	0.54	0.03	5%
	TR-7B-24	600	25	Q345	C60	0.55	0.55	0.01	1%
	TR-7B-46	600	25	Q345	C60	0.48	0.49	0.01	2%

表头：TR-1B-TR-7B 钢管混凝土柱施工模拟与一次性加载应力比变化情况

（4）关于水平跨越桁架的分段施工

根据现场的吊装条件，对坑顶水平跨越桁架进行分段吊装施工，典型桁架 TR-3A 及 TR-6B 的分段如图 9.59 和图 9.60 所示，先安装靠近崖壁的部分悬挑桁架，按节间伸出 1m 为分段点，最大悬臂长度 7.6m 左右，悬臂桁架的上下弦杆通过与剪力墙里的预埋件进行临时固定连接；其次安装靠近主体结构的悬挑桁架（TR-6B 由于跨度较小，可以直接伸牛腿），最大悬臂长度 6.4m；待两端悬挑桁架安装完毕，再依次安装中间下弦杆、上弦杆、腹杆，下弦杆长度 15.4m，上弦杆长度 8.8m＋10.1m（分两段）。

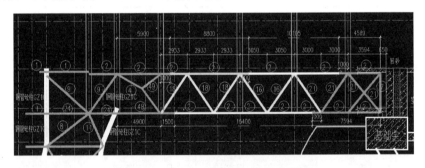

图 9.59　TR-3A 跨越桁架分段示意图

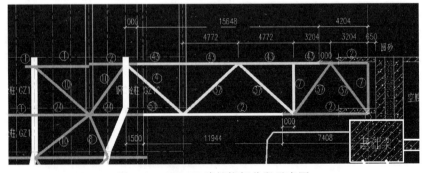

图 9.60　TR-6B 跨越桁架分段示意图

9.5 结　论

（1）结论

从计算分析结果看：在楼板浇筑之前，构件应力处于非常小的状态，水平位移也非常小，结构在跨越桁架合拢之前的最大位移不超过 20mm。

释放临时约束并完成所有楼板浇筑之后，构件应力、位移都有所增加，但都处于可控范围内。结构的位移和应力水平较框架与楼板同时施工方案有很大改善。

在结构设计时，一次性加荷作用是设计考虑有性能目标的计算荷载，而施工模拟的荷载重现期是 10 年，不考虑地震作用及支座强迫位移，支撑也不考虑往复作用，故施工模拟较一次性加载的构件应力比虽有增大，但幅度有限，基本都在 10% 以内（除个别构件应力比较小的增幅较大外）。但施工模拟下的所有构件应力比计算都是基于在不考虑地震作用下的比较，且荷载按等效均布荷载考虑。最终设计应根据原有设计的应力比，再考虑施工模拟的不利影响的程度，对相应构件进行局部加强或采取其他措施消除施工模拟的影响。

（2）注意事项

1）施工过程中尽量利用结构自身重心找平衡，并通过钢结构安装校正过程控制钢柱的位移，尽可能的减少由于结构自身重心不平衡引起的水平位移，减小钢结构构件在施工阶段的应力状态。

2）关于现场实际的施工步骤和施工工法，应严格按施工模拟的步骤进行。各结构部件的施工方案应该注意以尽量减小结构整体变形或减小给结构带来附加应力为准则。

3）施工过程中要严格监控钢柱的位移情况，确保实际位移与模拟计算位移不出现大的偏差，若有异常，应及时进行反馈。

参考文献

[1]　华东建筑设计研究院有限公司．"松江辰花路二号地块"深坑酒店结构抗震超限审查报告[R]．2010．
[2]　钟善桐．钢管混凝土结构[M]．北京：清华大学出版社，2003．

第三篇 基 础 设 计 研 究

第 10 章 边坡稳定分析研究

深坑酒店坑底基础位于采石坑内，采石坑近似椭圆形，上宽下窄，坡度较陡，坡角约为 80°。采石坑面积约为 36800m²，最深处距地表 80 余米。根据国家《建筑边坡工程技术规范》GB 50330—2013 第 3.2.1 条：当岩体类型为Ⅰ类或Ⅱ类，边坡高度不大于 30m，其破坏后果很严重，安全等级为一级。本项目现边坡高度达 70m，显然超出现行规范的最高边坡规定，应属于超级边坡。

超级边坡的稳定性是至关重要的，边坡的稳定性需考虑外荷载（深坑开挖效应、建筑物的荷载、地面超载、地震作用等），并考虑岩石边坡与主体结构的相互作用。首先应进行深坑开挖效应分析计算，并在此基础上按下述工况进行分析：

（1）天然无支护下，深坑在岩体自重、建筑物和地面超载作用下静力稳定性分析计算；

（2）锚固支护作用下，深坑在岩体自重、建筑物和地面超载作用下静力稳定性分析计算；

（3）锚固支护作用下，深坑在岩体自重、建筑物和地面超载以及地震荷载作用下动力稳定性分析计算。

10.1 采 石 坑 概 况

采石坑南侧有近东西向压扭性微型断层，倾向 195°、倾角 80°、断距 1.5～3m，以糜棱岩和糜棱岩化破碎岩石组成，绿泥石化、黏土化普遍。采石坑岩壁及基底的岩石类型为火山中性熔岩，其岩性致密，以安山岩为主，见有少量角闪安山岩和石英安山岩。场地的主要地层岩性自上而下依次为全风化安山岩、强风化安山岩、中风化安山岩、微风化安山岩。场地出露岩石中节理普遍发育，存在 3 组节理裂隙，均为原生裂隙。从场地邻近区域地质构造资料可见，本场地构造运动以断裂为主，辅之缓慢升降，为断裂分割而成的正向隆起断块。

结构面的分布规模，与结构体的强度、结构面的充填特性、应力状态、形成和发育环境等多因素相关，直接影响岩体的力学性质，控制着区域性岩体的整体稳定或工程围岩的稳定性。根据不同的研究对象和工程应用的要求，有相对分类和绝对分类。相对分类是相对于工程的尺度和类型对结构面的规模进行分类，可分为细小、中等、大型等 3 类；绝对分类考虑了结构面的延伸长度和破坏带的宽度，将结构面分为 5 级，如表10.1 所示。

结构面分级 表 10.1

分级序号	分布规模	地质类型	力学属性	工程地质评价
Ⅰ级	一般延伸约数公里至数十公里以上，破碎带宽约数米至数十米乃至几百米以上	通常为大断层或区域性断层	属于软弱结构面，通常处理为计算模型的边界	区域性大断层往往具有现代活动性，给工程建设带来很大的危害，直接控制区域性岩体及其工程的整体稳定性。一般的工程应尽量避开
Ⅱ级	贯穿整个工程岩体，长度一般数百米至数千米，破碎带宽数十厘米至数米	多为较大的断层、层间错动、不整合面及原生软弱夹层等	属于软弱结构面、滑动块裂体的边界	通常控制工程区的山体或工程围岩稳定性，构成滑动岩体边界，直接威胁工程的安全稳定性。工程应尽量避开或采取必要的处理措施
Ⅲ级	延伸长度为数十至数百米，破碎带宽度为数厘米至一米左右	断层、节理、发育好的层面及层间错动，软弱夹层等	多数也属于软弱结构面或较坚硬结构面	主要影响或控制工程岩体，如地下洞室围岩及边坡岩体的稳定性等
Ⅳ级	延伸长度为数十厘米至20～30 米，小者仅数厘米至十几厘米，宽度为零至数厘米不等	节理、层面、次生裂隙、小断层及较发育的片理、劈理面等	多数为坚硬结构面；构成岩块的边界面	该级结构面数量多，分布有随机性，主要影响岩体的完整性和力学性质，是岩体分类及岩体结构研究的基础，也是结构面统计分析和模拟的对象
Ⅴ级	规模小，连续性差，常包含在岩块内	隐节理、微层面、微裂隙及不发育的片理、劈理等	属于硬结构面	主要影响或控制岩块的物理力学

根据规模对结构面进行一级划分，经过调查，所在地区主要是Ⅲ级结构面（基体裂隙）。

将采石坑分为四个区域，分区如图 10.1 所示，采用测线法研究基体裂隙，四个区域结构面的倾向、倾角详见表 10.2 所示。

将野外节理产状要素测量资料系统整理，以倾向每 10°为一区间进行分组并统计每组节理的条数和平均倾向。然后画一圆，圆的半径代表最发育一组节理的条数，把半径按比例分成等分，代表节理条数。沿圆周标出北、东、南、西 4 个方向，按方位角划分出刻度，表示节理倾向。根据节理倾向分组统计资料，把每组

图 10.1 野外调查区域示意图

节理按平均倾向的条数点绘在相应的位置上，将相邻节理组的点子用直线连接，若相邻组之间没有点时，则需将点子和圆心相连，即得节理倾向玫瑰花图（图 10.2～图 10.7）。

结构面倾向倾角 表 10.2

区域\结构面		一区	二区	三区	四区
第一组	倾向	76°～128°	66°～125°	60°～120°	64°～127°
	倾角	65°～82°	70°～87°	71°～88°	71°～80°
第二组	倾向	276°～360°	250°～359°	248°～360°	245°～359°
	倾角	0°～25°	0°～35°	0°～30°	0°～35°
第三组	倾向	145°～215°	155°～209°	152°～200°	150°～215°
	倾角	65°～89°	55°～85°	50°～90°	55°～85°

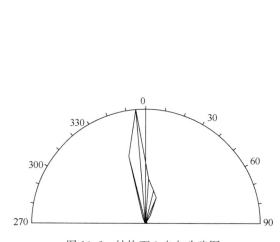

图 10.2　结构面 1 走向玫瑰图

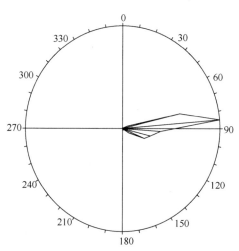

图 10.3　结构面 1 倾向玫瑰图

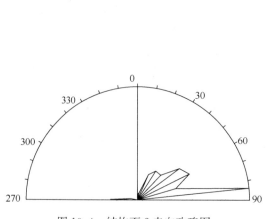

图 10.4　结构面 2 走向玫瑰图

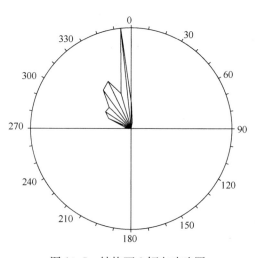

图 10.5　结构面 2 倾向玫瑰图

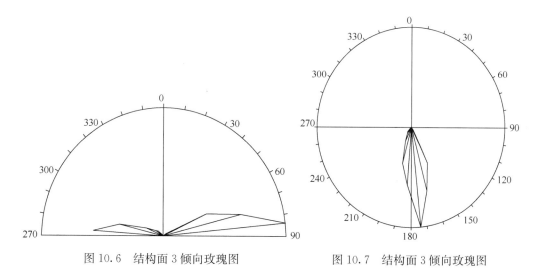

图 10.6 结构面 3 倾向玫瑰图　　　图 10.7 结构面 3 倾向玫瑰图

由玫瑰图可见结构面 1 的走向集中在 350°左右，倾向集中在 80°左右；结构面 2 的走向集中在 70°左右，倾向集中在 340°左右；结构面 3 的走向集中在 90°左右，倾向集中在 180°左右。

10.2　边坡稳定分析方法

本工程采用极射赤平投影法对边坡稳定进行定性分析，结合极限平衡法进行定量计算。

10.2.1　极射赤平投影法

极射赤平简称赤平投影，它主要用来表示线和面的方向、相互间的角距及其运动轨迹，把物体三维空间的几何要素（线、面）反应在投影平面上进行研究处理。它是一种简便直观的计算方法，它又是一种形象综合的定量图解，能解决地质构造的几何形态和应力分析方面的实际问题。

利用赤平投影法分析边坡的稳定是建立在对边坡岩体大量调查统计的基础上。通过节理裂隙的调查统计，掌握比较发育和贯通性强的结构面，特别是软弱结构面的产状特征，据以分析沿这些结构面可能出现的变形破坏形式和评价边坡的稳定性。软弱结构面比较明显，则画出边坡坡面和软弱结构面的赤平投影图，即可初步分析边坡的稳定性。

（1）一组结构面在赤平投影图上的特征有三种情况：

1）结构面与边坡面的走向和倾向一致，当结构面倾角小于边坡面倾角时，则岩坡属于不稳定结构；反之，为稳定结构；

2）结构面的走向与边坡一致或者斜交，但倾向和坡向相反，则都属于稳定结构；

3）结构面的走向与边坡走向斜交，但倾向一致，则岩坡一般是稳定结构，但与结构面的倾斜方向一侧具良好的临空面时，也可构成不稳定结构。

（2）两组结构面在赤平投影图上的特征：

1）两组结构面的组合交线向坡外倾斜，岩坡为不稳定结构；

2）组合交线虽倾向坡外，但交线的倾角大于坡面的倾角，为稳定结构；

3）组合交线向坡内倾斜，为稳定结构。

（3）三组结构面组合在赤平投影图上的特征：在一般情况下，一种是结构面的二组组合交线均向坡外倾斜，交线倾角均小于坡面倾角，为不稳定结构；若交线倾角大于坡面倾角，为稳定结构；第二种是只有一组组合交线向坡外倾斜，并交线倾角小于坡面倾角，为不稳定结构，若交线倾角大于坡面倾角，为稳定结构；第三种是各组组合交线均向破内倾斜，为稳定结构。

10.2.2 极限平衡法

极限平衡法又称沙尔玛法，设想在滑动体上作用一水平惯性力，如地震作用 KW，W 为滑动体重量，K 为水平地震系数（沙尔玛称其为"水平加速度"）。当 K 较小时，边坡是稳定的。随着 K 的增大，边坡稳定性降低。当 K 达到某一临界值 K_c 时，土坡处于极限平衡状态，即安全系数为 1.0。这样 K_c 就可以作为评价安全性的一个指标。K_c 愈大，表示要使土坡达到平衡状态所要施加的水平惯性力愈大，即土坡的安全性愈大。对于稳定土坡，K_c 是大于零的数。

水平地震系数临界值 K_c 可作为评价安全性的指标，但不便于与其他方法比较，其物理意义不明确，为此，可将强度指标打折来分析。

极限平衡法满足整体力、力矩的平衡，并没有假定圆弧滑动面。它可以用于任意形状的滑动面。

10.3 边坡稳定分析计算

研究区采用赤平投影定性分析和极限平衡方法（sarma 法）定量计算边坡的稳定性，考虑天然状态和地震作用下的边坡稳定性。

10.3.1 边坡稳定静力分析

（1）结构面赤平投影分析

由图 10.8 可知，主体建筑主要依靠在三区，以三区为例进行边坡稳定静力分析计算。

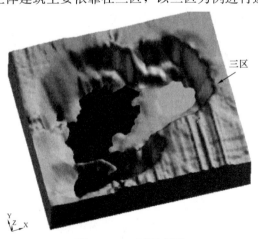

图 10.8　三区示意图

由图 10.9 可知：结构面走向同坡面走向斜交，倾向相反，为稳定结构。坡面的走向同第二组结构面的走向基本上垂直，岩坡属于稳定结构。坡面的走向同第三组结构面的走向基本上垂直，岩坡属于稳定结构。

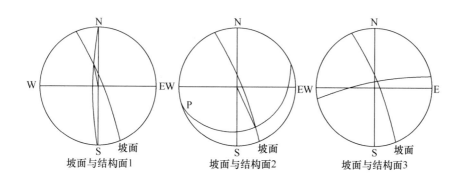

图 10.9　坡面与单一结构面赤平投影

由图 10.10 可知：第一组结构面与第二组结构面的交线向坡内倾斜，为稳定结构。第一组结构面与第三组结构面的交线向坡内倾斜，为稳定结构。第二组结构面同第三组结构面的交线向坡外倾斜，交线倾角小于坡面倾角，为不稳定结构。

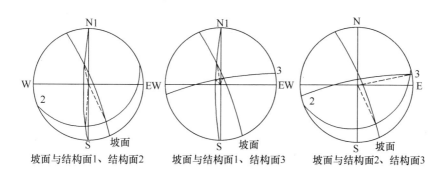

图 10.10　坡面与两个结构面赤平投影

由图 10.11 可知：第二组结构面同第三组结构面的交线向坡外倾斜，交线倾角小于坡面倾角，为不稳定结构。

综上所述，三区岩体发生滑动、崩塌的可能性较小。同理，类似计算可知，一区、二区岩体沿第三组结构面发生滑动、崩塌的可能性较大；四区岩体沿第二组结构面、第三组结构面发生滑动、崩塌的可能性较大。

（2）边坡极限平衡分析

选取三区两个典型剖面为例进行边坡稳定动力分析计算，如图 10.12 所示，典型剖面 5、剖面 6 土层信息如图 10.13、图 10.14 所示。

采用极限平衡法，对选取的剖面 5、剖面 6 进行自然状态及地震作用工况下稳定性分析计算，选取的剖面边坡稳定性安全系数如图 10.15～图 10.18 所示。

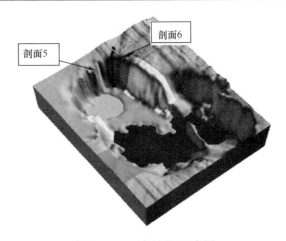

图 10.11　坡面与三个结构面赤平投影

图 10.12　三区剖面示意图

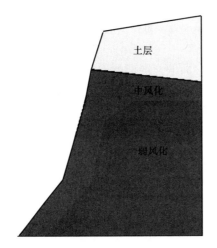

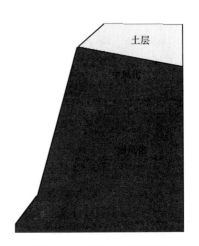

图 10.13　剖面 5 土层信息

图 10.14　剖面 6 土层信息

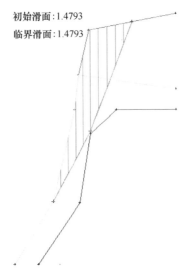

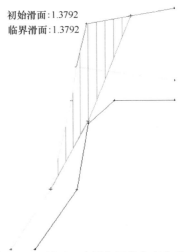

图 10.15　剖面 5 自然状态稳定安全系数

图 10.16　剖面 5 地震作用稳定安全系数

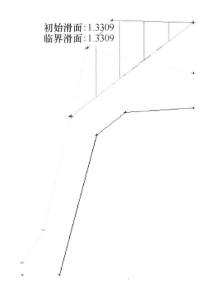

图 10.17　剖面 6 自然状态稳定安全系数

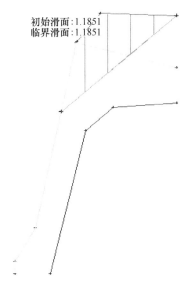

图 10.18　剖面 6 地震作用稳定安全系数

以上计算结果可知，三区边坡稳定系数均大于 1.0。

类似计算，采用极限平衡法对一区（剖面 1、2）、二区（剖面 3、4）、四区（剖面 7、8）边坡在自然状态及地震作用下边坡稳定安全系数计算，计算结果如表 10.3 所示。

边坡稳定安全系数　　　　　　　　　　　　　　　　　表 10.3

	自然边坡	地震作用
剖面 1	1.26	1.13
剖面 2	2.15	1.87
剖面 3	1.45	1.34
剖面 4	1.28	1.16
剖面 5	1.48	1.38
剖面 6	1.33	1.19
剖面 7	1.50	1.47
剖面 8	1.44	1.33

（3）结论

通过分析可知，研究区内的边坡在自然情况下稳定性良好，但是普遍安全度不高，更有部分地区存在危石，稳定系数在 1.2～1.5 之间。在边坡开挖的情况下，由于坡脚的卸荷作用，会导致边坡的安全系数下降，部分地区可能会出现失稳、崩塌的现象。同时施工过程中的干扰力可能会导致崩塌、危石等地质灾害现象发生，应做适当的加固处理。

10.3.2　边坡稳定二维有限元动力分析

采用动力有限元法与强度折减法相结合的方法，对边坡地震作用下的动态响应特性及动态响应下的边坡失稳特性进行分析。选用岩质边坡材料的抗剪强度参数，即黏聚力 c 和摩擦角 φ 进行折减（折减系数为 R），得到一组新的 c' 和 φ' 值，并作为新的材料强度参数而重新输入原模型进行动力有限元分析，直到岩质边坡达到失稳状态为止。此时，将边坡处于稳定极限状态下的 R 定义为动力稳定性安全系数 F_s。其中，c' 和 φ' 值由下式求得：

$$c' = \frac{c}{R} \qquad \varphi' = \arctan\left(\frac{\tan\varphi}{R}\right) \tag{10.1}$$

在折减过程中，材料的弹性模量 E 和泊松比 ν 为常数。

采用强度折减法进行边坡稳定性分析时，边坡失稳判据最为关键。边坡失稳判断依据主要为：

1）有限元计算不收敛；

2）坡体或坡面的位移发生突变；

3）潜在滑移面塑性应变区贯通。

在有限元动力分析计算中，控制收敛是一个极其复杂的过程，并受到各种因素的影响，数值计算不收敛未必是由边坡达到临界失稳状态所引起的；位移突变判断依据不需要严格的收敛性控制，且可以对应动力时程的分析结果，具有应用方便、直观等优点，适用于动力响应下的稳定性分析；塑性应变区贯通的判据由于缺乏客观的判断指标，更多地依赖于人为的主观判断，因而只是边坡失稳的必要条件，但可作为判断位移突变的辅助判据。

1. 模型输入

采用上海市 50 年超越概率为 2% 的人工合成地震动加速度时程曲线，作为边坡地震动力响应分析的地震输入波，地震峰值加速度为 $1.73\mathrm{m/s^2}$，地震波的卓越频率为 $1.0\sim2.0\mathrm{Hz}$，输入地震动作用时间为 40s，如图 10.19 所示。

根据前期地质勘查结果将边坡体适当简化，建立二维有限元计算模型，模型的网格划分如图 10.20 所示。除边界外，模型内部均采用四边形四节点平面应变单元进行划分，节点总个数为 3784，单元总个数为 3665。考虑到岩体风化裂隙切割的影响，边坡体表面采用节理裂隙单元，单元内 2 个起控制作用的节理裂隙组，方向角度分别为 $80°$ 和 $30°$。

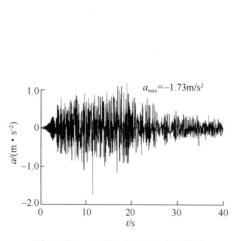

图 10.19　地震波加速度时程曲线

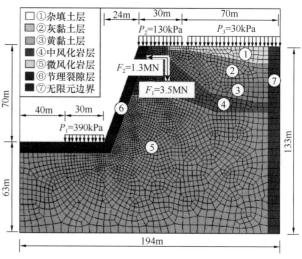

图 10.20　简化模型网格划分

模型中所有单元均采用 Drucker-Prager 屈服准则。深坑边坡坑底为轴对称模型，采用人工边界，坑外为无限地基，采用无限元边界。

2. 边坡动力响应分析

进行动力响应有限元法计算时，首先，施加自重、结构载荷及地面超载等静力载荷，并将其计算结果作为模型的初始应力状态；然后，在模型底部水平方向施加地震作用。

通过边坡的加速度响应分析可知：边坡水平加速度在从坡底向上传递至坡顶的过程中出现了明显的放大效应，坡顶的最大加速度为 $4.14\mathrm{m/s^2}$，对比输入时程曲线的峰值加速度 $1.73\mathrm{m/s}$，其放大系数约为 2.39。在地震作用过程中，岩体和土体在两种不同的介质中的加速度响应存在明显的相位差，也就是土体和岩体之间存在拉应力效应，并导致主体结构位于基岩面上的圈梁和桩基础产生过大的位移，从而对主体结构造成不利的影响。

通过边坡的位移响应分析可知：在静力载荷作用下，边坡主要发生沉降变形，边坡的整体受力主要为压力；在地震作用下，边坡产生较大的水平位移 H，边坡整体受到水平作用力的影响而呈现出剪切效应。这表明，当地震作用于边坡时，最不利于边坡稳定的是指向坡外的水平力分量。

通过边坡动力响应分析可知，最大加速度时刻并不一定是使边坡达到失稳状态的受力时刻，最大加速度时所受的力并不一定是使边坡达到失稳状态所受的力，边坡发生最大水平位移的时刻才是边坡失稳的最危险时刻。因此，采用特征点的最大水平位移响应突变来分析求解边坡的整体稳定性安全系数。

3. 边坡动力稳定性评价

将岩体边坡材料的抗剪强度同时折减，在各折减系数下进行动力有限元计算，分析在地震荷载作用下岩质边坡的动力响应，并获取边坡坡面各特征点的 H_{max} 随 R 变化的规律，其结果如图 10.21 所示。由图可见：在某一折减状态前，各点的 H_{max} 随 R 近似呈斜率很小的线性变化趋势；当 R 达到一定值时，H_{max} 突变，曲线变陡，表明 H_{max} 的变化率明显增大，边坡达到稳定极限状态，曲线转角处的 R 值可定义为临界折减系数 R'。R' 可以取两端曲线的切线交点。分析结果表明，边坡底部的 $R' = 1.36$，边坡中部 $R' = 1.41$，边坡顶部 $R' = 1.40$，将各个特征点的 R' 平均值作为边坡在地震荷载作用下的稳定性安全系数，即 $F_s = R' = 1.39$。

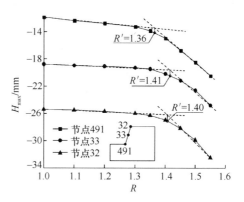

图 10.21　特征点最大水平位移
与折减系数关系曲线

10.3.3　边坡稳定三维有限元动力分析

为真实反映岩体三向应力状态，建立三维实体力学模型，进行岩质边坡的三维抗震稳定性分析评价。外荷载包括深坑开挖效应、建筑物荷载、地面超载、地震作用，并考虑岩质边坡与主体结构的相互作用。类似边坡稳定二维有限元动力分析方法，采用三维动力有限元法与强度折减法相结合的方法，对边坡地震作用下的动态响应特性及动态响应下的边坡失稳特性进行分析。

1. 模型输入

坑周为不规则曲边，三维模型规模较难控制，选择高 130m、长 677.4m、宽 626m 三维实体模型，总单元数 247867，总节点数 253779，其中坑周单元分布密集，密集范围内的单元最大尺寸不超过 2m×2m×2m，密集范围内单元总数为 185729。网格模型如图 10.22 所示。

基坑坡面按照现实自然曲面、坡度建模，基坑底面的凸出部分按实际情况考虑，根据现有的钻孔资料及勘查报告的断层信息，真实考虑坑周岩体内的断层。如图 10.23 所示，坑底存在 3 块局部凸出部分，坑底其余部分为平面，绿色不同颜色所示为断层（弱化层）。深基坑由土质、岩石、断层等组成，模型最顶面水平标高 +0m，坑底面标高 −70m，最底面标高：−130m，深基坑剖面如图 10.24 所示。深基坑第一分层为杂填土（黄色所示）、第二分层为灰黏土（灰白色所示）、第三分层为黄黏土（红色所示）、第四分层为中风化岩（黑色所示）、第五分层为微风化岩（白色所示），上三层土厚度 $L = 38m$；五层总高度 $H = 130m$。

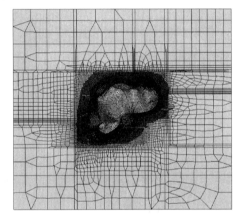

图 10.22　网格模型整体图

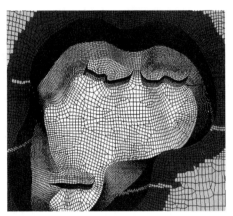

图 10.23　坑周放大图

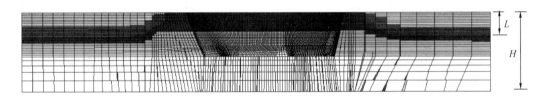

图 10.24　坑周放大图

如图 10.25 所示，真实考虑锚杆对岩体的加固作用，锚索采用二结点的杆单元模拟，对杆单元施加预拉力从而产生想要达到的预应力加载效果。计算中不考虑锚索锚固段与岩土体之间的相对滑移。计算中首先将锚索单元设为空单元，对模型施加重力求出边坡内的初始应力分布，然后激活空单元，导入初始应力场，施加静力超载和动荷载，求出在静力超载和动荷载作用下基坑的基本受力与变形特征。

基坑三维实体模型横断面图如图 10.26 所示。

基坑三维实体计算模型，静力计算时，载荷包括结构自重、各种上部结构超载等，静力载荷总体分布如图 10.27 所示。动力载荷为小震及中震加速度时程。

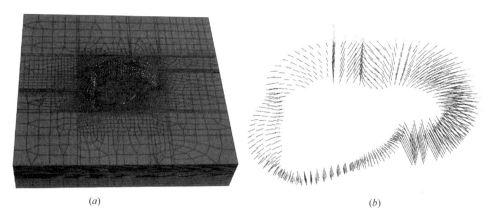

(a)　　　　　　　　　　　　　　(b)

图 10.25　基坑三维模型及锚固加强措施

（a）三维模型；（b）锚杆及锚索加强措施

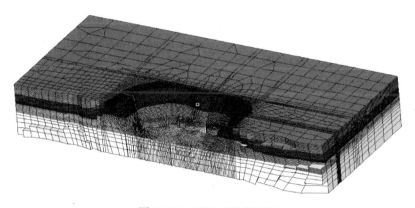

图 10.26　基坑三维断面图

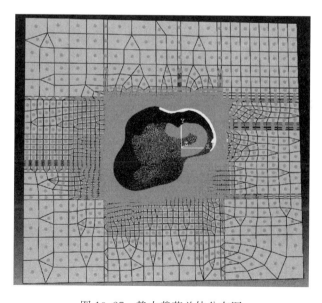

图 10.27　静力载荷总体分布图

2. 有限元计算结果

类似二维有限元动力计算，对三维模型先施加静力载荷，并将其计算结果作为模型的初始应力状态；然后，在模型底部水平方向施加地震作用，研究在无支护和锚固支护条件下，静力超载、小震及大震工况时，基坑的整体稳定性。

下述仅列出小震工况时，无支护和锚固支护两种条件下的计算结果。

三维基坑实体模型，在无支护措施条件下，小震工况时，基坑总位移如图10.28所示，总位移最大值约28.8mm，虽然最大位移达28.8mm，但发生在边界上，为边界效应，坑顶周边的位移量很小，基本在15mm以下。

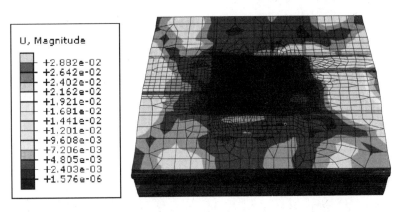

图 10.28　无支护条件小震工况下总位移

小震工况时，基坑应力分布云图如图10.29、图10.30所示，应力最大值4.19MPa，除去模型底部的边界效应，应力发生的较大区域还是在坑内周边下半部分。

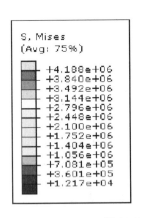
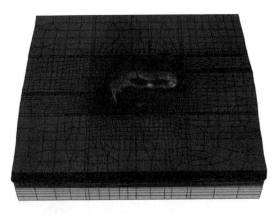

图 10.29　无支护条件小震工况下应力云图

以广义塑性应变应力或等效塑性应变应力从坡脚到坡顶贯通作为岩体失稳的判断。小震工况下基坑等效塑性应变云图如图10.31、图10.32所示，由计算结果可知，当折减到极限状态（安全系数 $F_s = 1.2$）时，基坑等效塑性应变从坡脚到坡顶贯通，岩体达到失稳状态。

采用锚固支护时，小震工况下基坑等效塑性应变云图如图10.33、图10.34所示，由图可知，当折减到极限状态（安全系数 $F_s = 1.6$）时，基坑等效塑性应变从坡脚到坡顶贯通，岩体达到失稳状态。

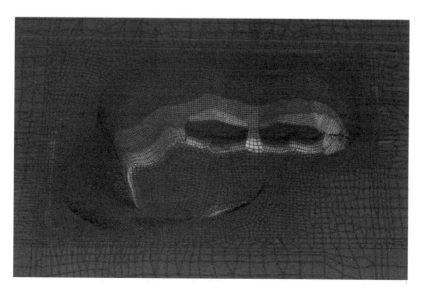

图 10.30　无支护条件小震工况下坑内放大应力云图

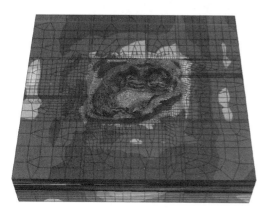 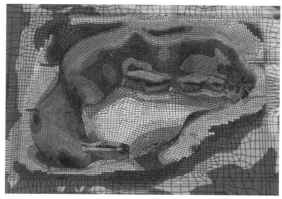

图 10.31　无支护条件小震工况下等效塑性应变云图

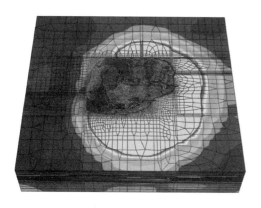 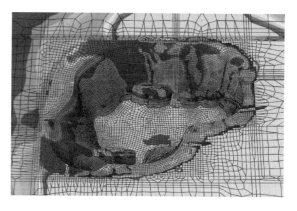

图 10.32　无支护条件小震工况下 $F_s = 1.2$ 时等效塑性应变云图

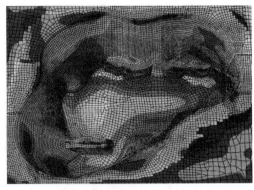

图 10.33　锚固支护条件小震工况下 F_s ＝1.3 时等效塑性应变云图

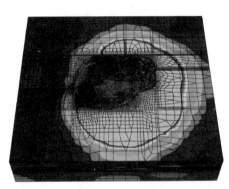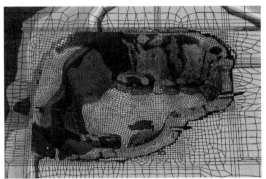

图 10.34　锚固支护条件小震工况下 F_s ＝1.6 时等效塑性应变云图

10.3.4　边坡稳定分析结论

通过边坡稳定静力分析、动力分析及三维有限元补充计算，可对边坡在各种工况下的稳定性进行评价，边坡在各工况下相对位移及稳定系数计算结果如表 10.4 所示。

<table>
<tr><td colspan="4">边坡稳定性验算结果</td><td>表 10.4</td></tr>
<tr><td></td><td></td><td colspan="2">无支护措施</td><td>锚固支护措施</td></tr>
<tr><td rowspan="2">静力超载</td><td>相对位移（mm）</td><td colspan="2">0.18</td><td>0.1</td></tr>
<tr><td>稳定系数（F_s）</td><td colspan="2">1.8</td><td>2.0</td></tr>
<tr><td rowspan="2">小震作用</td><td>相对位移（mm）</td><td colspan="2">13</td><td>9</td></tr>
<tr><td>稳定系数（F_s）</td><td colspan="2">1.2</td><td>1.6</td></tr>
<tr><td rowspan="2">大震作用</td><td>相对位移（mm）</td><td colspan="2">125</td><td>80</td></tr>
<tr><td>稳定系数（F_s）</td><td colspan="2">1.0</td><td>1.4</td></tr>
</table>

由表 10.4 计算结果可知，采取有效锚固支护措施，边坡在静力荷载及小震作用下稳定系数较大，有一定安全富余，在大震作用下，边坡仍能满足稳定性要求。

通过边坡稳定分析结论，对于滑动面贯穿的岩体，应布置预应力锚索，以保证岩体的整体稳定性；而对于边坡底部表面风化较为严重的岩体，则应采取锚杆和喷网支护，以保证该处岩体的局部稳定性。在施工过程中，避免使用扰动较大的施工方法，如爆破等手段。

参考文献

［1］ 周资斌．基于极限平衡法和有限元法的边坡稳定分析研究［D］．南京：河海大学，2004：9-17.

［2］ 罗红明，唐辉明，胡斌等．考虑地震力的刚体极限平衡法及其工程应用［J］．岩石力学与工程学报，2007，26(1)：3590-3595.

［3］ 王欢，车爱兰，葛修润等．岩质高边坡动力稳定性评价方法与应用［J］．上海交通大学学报，2011，45(5)：706-715.

［4］ 上海市城乡建设和交通委员会科学技术委员会《辰花路二号深坑酒店工程深坑边坡长期稳定性和支护设计方案技术咨询意见》(编号：工字 2009-01-061 号).

［5］ 上海地矿工程勘察有限公司提供的《上海世茂天马深坑酒店工程岩体深大基坑稳定性调查评价报告》.

［6］ 上海申元岩土工程有限公司《辰花路二号深坑酒店工程地矿边坡稳定分析》.

第11章 坑顶基础设计研究

11.1 工程地质概况

11.1.1 区域地质条件概况

该区域地貌类型为太湖堆积平原。区内大部分地势平坦，平均高程 3.69m（吴淞高程），在地区中部有数座孤立的前第四纪基岩残丘出露，最低的为北竿山（42.0m），最高的是天马山（99.8m）。区内地质构造简单，无褶皱构造。据物探解译推断，可能存在区域性的青浦—龙华北东向断裂，构成火山岩的北部边界。基岩岩性以安山岩为主，局部有柱状节理，倾角一般在 80°左右。区内大部分地区为第四纪沉积物所覆盖，由于受基岩隆起的影响，堆积厚度变化较大，其厚度在 0～220m 左右。

地下水主要赋存于松散岩类孔隙介质中，其次是赋存于碎屑岩类孔隙、碳酸盐岩类裂隙溶洞和基岩裂隙中，分布受区域地貌、地层岩性、厚度及地质构造等因素影响。地下水可以分为全新世潜水-微承压含水层，上更新统第Ⅰ、Ⅱ承压含水层，中更新统第Ⅲ承压含水层及下更新统第Ⅳ承压含水层。该区内受基岩突起的影响，部分地区上述含水层全部缺失或部分缺失。

该地区内除山体所在的局部范围外，50m 以浅深度范围内的地基土均属第四系沉积物，主要由软土、黏性土、粉土和砂土组成。

区域内第四系厚度总体较薄，有基岩山体出露，山体有悬崖矿坑存在，断裂构造活动相对稳定；场地内主要分布的为黏性土，含水层一般发育；天然地基条件一般，桩基条件良好，有软黏性土层分布，且具有一定的厚度；场地内受基岩突起影响，局部黏性土层厚度变化大；地面沉降轻微发育。

11.1.2 场地工程地质条件

工程勘察场地内多为空地，采石坑外天然地形有一定起伏，实测勘察点（采石坑外）的地面标高在 5.01～−1.32m 之间，高差 6.33m。

（1）土层描述

场地勘察深度范围内的地基土除基岩外均属第四纪松散沉积物。勘察所完成技术孔的最大深度为 41.80m，对此深度范围内的地基土，按其结构特征、地层成因、土性不同和物理力学性质上的差异可划分为八层及分属不同层次的亚层，其地基土的构成与特征及埋藏分布状况如表 11.1 所示。

采石坑由采石场下挖开采石料形成，坑外部场地邻近深坑处部分黏土层缺失，基岩面标高为天然地面下 5m 左右。随着水平位置逐渐远离深坑，基岩面标高逐渐降低。采石坑

采石坑外地基土分层表　　　　　　　表 11.1

地质时代	层号	土层名称	成因	层厚（m）	层底标高（m）	土 层 描 述
全新世 Q₄	①₁	填土	人工	0.60～6.40	3.77～-3.28	主要由黏性土夹少量碎石、砖块及木屑等组成，土质不均
	①₂	浜填土	人工	0.20～2.40	2.10～-1.37	分布于明、暗浜中，暗浜上部主要由黏性土夹少量碎石、砖块及木屑等组成，明、暗浜底部为灰黑色淤泥，含有机质及腐植物，土质差
Q₄³	②	灰黄～兰灰色黏土	滨海～河口	0.30～2.20	1.61～-2.37	含氧化铁斑点及泥钙质结核，夹薄层粉土
Q₄²	③	灰色黏土	滨海～浅海	0.90～18.10	-0.19～-17.62	含少量有机质，夹薄层粉土
	④	暗绿～草黄色黏土	河口～湖沼	0.70～15.00	-1.88～-26.61	含铁锰质结核及氧化铁斑点，夹薄层粉土
Q₄¹	⑤	灰色黏土	滨海～沼泽	2.70～6.40	-26.47～-31.85	含有机质、少量泥钙质结核及半腐植物根茎，夹薄层粉土
侏罗系 J	Ⅰ	强风化基岩	火山熔岩	0.30～1.70	-4.18～-32.92	主要为火山英安岩，强风化产物，岩芯破碎，有较多风化裂隙，局部已风化为残积土
J₃²	Ⅱ	中风化基岩	火山熔岩	3.80～4.60	-11.46～-30.41	主要为火山英安岩，中等风化，属较稳定基岩。块状及斑状结构，以长石、石英、云母、角闪石等矿物组成，风化裂隙发育
	Ⅲ	弱风化基岩	火山熔岩	未钻穿	未钻穿	主要为火山英安岩，弱风化，属稳定基岩。块状及斑状结构，以长石、石英、云母、角闪石等矿物组成，有极少量风化裂隙

外部土层分布情况详见图 11.1 所示。

（2）场地水文条件

建设场地浅部土层中的地下水属于潜水类型，其水位动态变化主要受控于大气降水和地面蒸发等，地下水位丰水期较高，枯水期较低，稳定水位埋深在 0.60～2.60m 之间。实际设计时，高水位埋深采用 0.50m，低水位埋深采用 1.50m。

（3）场地地震效应

根据国家标准《建筑抗震设计规范》GB 50011—2010 和上海市工程建设规范《建筑抗震设计规程》DGJ 08-9—2013 的有关规定及场地工程地质条件分析，本建筑场地抗震设防烈度为 7 度，设计基本地震加速度 0.10g，设计地震分组

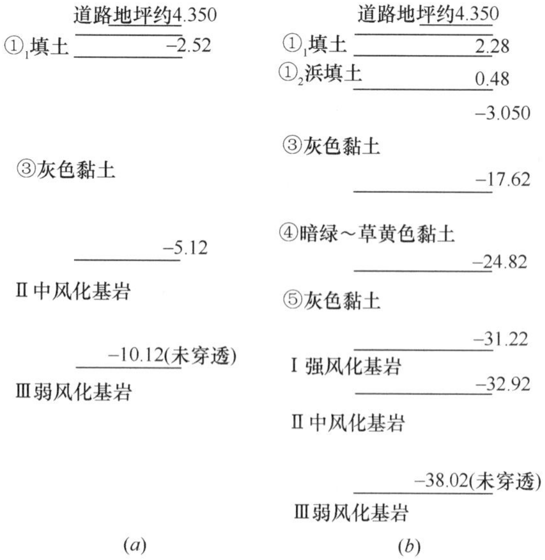

图 11.1　采石坑外土层分布

（a）邻近深坑处；（b）远离深坑处

为第一组。本次勘察进行了四组单孔剪切波速测试，根据测试结果，场地土层等效剪切波速平均值 V_{se} 为 140.8m/s，且该场地覆盖层厚度大于 3m 小于 50m，根据国家标准《建筑抗震设计规范》GB 50011—2010 第 4.1.6 条规定划分本工程采石坑外建筑场地属Ⅱ类场地，场地土类型为中软土，场地土的基本周期范围为 0.344～0.724s。采石坑内岩石属Ⅰ类场地。

11.2 桩型选择及单桩承载力确定

根据地质勘察报告，坑外酒店裙房基础底面标高接近中风化基岩面标高，基础形式选用桩基础，桩基的持力层选择中风化基岩。

根据上海地区经验，在空旷地区用预制桩具有质量好、造价低、施工周期短的优点。但考虑到中风化基岩为持力层情况的嵌岩桩基施工的可行性，未采用预制桩方案。综合比选，采用嵌岩钻孔灌注桩＋独立承台＋底板的基础方案。由于岩面起伏大，故采用长短不一的嵌岩桩。根据《建筑桩基技术规范》，嵌岩桩单桩竖向极限承载力计算时：

$$Q_{uk} = Q_{sk} + Q_{rk} \tag{11.1}$$

Q_{sk}、Q_{rk} 分别为土的总极限侧阻力标准值、嵌岩段总极限阻力标准值；

建场地内桩基的桩侧极限摩阻力标准值 f_s 和桩端极限端阻力标准值 f_p 值综合确定后见表 11.2。

f_s 与 f_p 值表   表 11.2

层号	土层名称	静探比贯入阻力（P_s）平均值（MPa）	钻孔灌注桩	
			f_s（kPa）	f_p（kPa）
②	灰黄～兰灰色黏土	0.67	15	
③	灰色黏土	0.55	15（6.00m 以浅）	
			16（6.00m 以深）	
④	暗绿～草黄色黏土	3.55	20（6.00m 以浅）	700
			45（6.00m 以深）	
⑤	灰色黏土		30	
Ⅰ	强风化基岩		150	
Ⅱ	中风化基岩	17.18	180	8000
Ⅲ	弱风化基岩		190	9000

注：f_s 为桩侧极限摩阻力标准值；f_p 为桩端极限端阻力标准值。

钻孔灌注嵌岩桩桩径 ϕ800mm，桩端持力层为中风化基岩（安山熔岩），分为抗压桩和抗拔桩两种：其中抗压钻孔灌注嵌岩桩，嵌岩深度不小于 1000mm，混凝土设计强度等级为 C40，单桩竖向抗压承载力设计值为 4300kN；抗拔钻孔灌注嵌岩桩，当桩顶至中风化基岩面桩身长度大于 15m 时，桩嵌岩深度不小于 1600mm，当桩顶至中风化基岩面桩身长度不大于 15m 时，桩嵌岩深度不小于 2400mm，混凝土设计强度等级为 C35，单桩竖向抗拔承载力设计值为 1500kN，见表 11.3。

抗压桩和抗拔桩基本参数　　　　　　　　　　　　　　　　表 11.3

桩型	桩径（mm）	嵌岩深度（mm）	单桩竖向承载力设计值（kN）
抗压桩	800	不小于1000	4300
抗拔桩	800	桩顶至中风化基岩面桩身长度大于15m时，不小于1600mm	1500
		桩顶至中风化基岩面桩身长度不大于15m时，不小于2400mm	

由于岩面起伏很大，桩长变化较大，桩长依据桩身嵌岩深度要求以施工现场实际情况确定。施工时采用一桩一钻的施工勘察方式，查明岩面起伏变化，以准确判定入岩深度及计算工程桩的桩长。

在成孔方面，根据工程桩的施工区域和桩长采用两类施工方法：

1）距离深坑坑口较远区域、软土覆盖层较厚、桩长大于25m的桩，先采用回转钻施工至中风化上表面，然后换成冲击钻施工至桩底标高。该种施工机械组合优点是，既发挥回转钻在软土中施工的优势，又可发挥冲击钻在岩体中的施工优势；缺点是：因回转钻和冲击钻采用两种不同的施工机械，需要两次移机和就位，耗费一定的时间。

2）距离深坑坑口较近区域，软土覆盖层较薄，桩长小于25m的桩，采用冲击钻施工，该方法比方法一减少了施工机械一次移机和就位的时间，抵消了冲击钻在软土中施工的不利因素。

11.3　桩位布置及基础底板设计

建筑物的竖向荷载由嵌岩桩承担，持力层为中风化基岩，可不计算沉降变形，基础底板设计仅按防水板考虑，防水板只考虑抗浮水位对底板的作用，通过底板将水浮力传至基础。

坑外酒店裙房桩位布置图详见图 11.2，抗压桩、抗拔桩详图详见图 11.3、图 11.4。

坑顶近坑口处岩壁在经过锚杆及锚索边坡支护后完整性较好，水流渗透微弱，坑顶降水难以自由流入深坑内，坑顶地下室存在天然降水下的水浮力，因此仍需考虑抗浮。在远离坑口位置，可用嵌岩抗压桩兼抗拔桩的形式，但在近坑口位置，桩基机械施工较为危险，而采用堆载压重的方法对坑口边坡的稳定有不利影响。坑顶近坑口位置地下室水浮力水压力较大，但其总水量不大；针对这一特点，研发设计了多个释放水压的水箱来解决坑顶近坑口位置地下室的抗浮。释放水压的水箱即在地下室底板设置泄水孔，泄水孔四周浇筑混凝土侧壁形成水箱，在水箱位置的基础底板底面 4m×4m 范围内需采用 200mm 厚度滤水速度快的砂石垫层代替混凝土垫层以避免地下水被垫层隔离，以保证地下水能透过滤水砂石层进入水箱内（图 11.5）。水箱侧壁预留钢套管，渗入释放水压水箱的水通过侧壁钢套管和水箱外 1‰坡度的不锈钢管排入深坑内，从而降低底板下的水压力。

坑顶裙房地下室在近坑口边没有回填覆土，平面布置呈不规则 Ω 形，在坑口侧处于开口状态，场地平面布置如图 11.6 所示。

为减小地下室外围覆土对主体结构在使用中产生的不平衡水土侧压力影响，基坑围护采用自承式围护体系。裙房基坑开挖深度 6.6m，并在远离深坑位置采用放坡，临近深坑

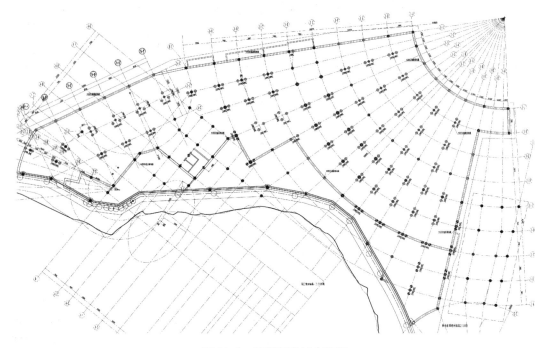

图 11.2　坑顶裙房桩布置图

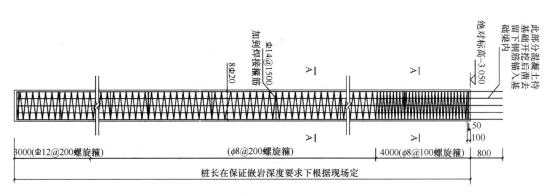

图 11.3　抗压桩详图

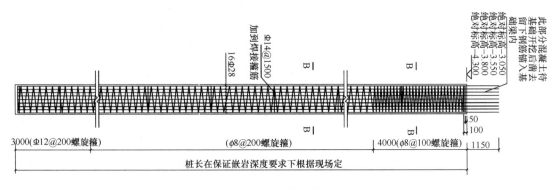

图 11.4　抗拔桩详图

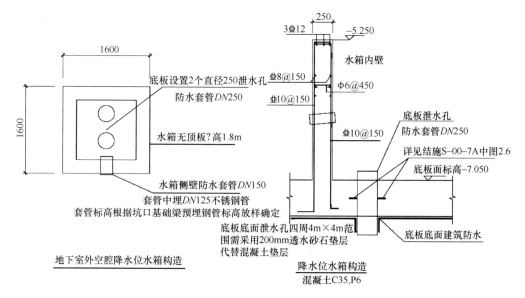

图 11.5 释放水压水箱详图

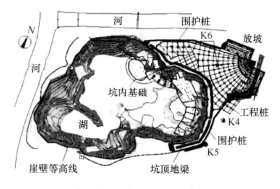

图 11.6 场地平面示意图

位置采用桩锚围护的方式，位置如图 11.6 所示，围护桩采用 $\phi600mm$ 钻孔灌注桩。围护设计要求围护桩全部在土体时桩长不小于 14m，围护桩底遇到中风化岩层时嵌岩深度应不小于 600mm，且围护桩底标高应低于裙房地下室底板底面设计标高 600mm 以上。地下室与围护之间用砂石回填密实。

参考文献

[1] 葛乃剑，柴干飞，王亮. 深坑酒店嵌岩钻孔灌注桩施工技术[J]. 建筑施工，2011，33(12)：1050-1052.

[2] 上海地矿工程勘察有限公司提供的《上海世茂天马深坑酒店工程拟建场地岩土工程勘察报告》(工程编号08KC101)。

[3] 中国地震局地壳应力研究所提供的《上海世茂松江辰花路二号地块地震安全性评价报告》和补充报告。

第12章 坑口支座及预应力锚索设计研究

12.1 坑口地质概况

坑外酒店裙房底板面标高为－7.050m，根据地质勘察报告，如图11.1所示，坑口附近基岩标高高于地下室底板面标高，即坑口附近基岩基本外露，岩面为中风化基岩。

坑顶附近坑口位置的基础是坑内主体建筑的上部支点，同时也是坑外酒店裙房地下室底板到坑边的外墙。根据地质情况和建筑的平面位置，坑口基础采用条形基础梁＋岩石预应力锚索作为坑内主体结构顶部跨越钢桁架的基础（坑内主体建筑的上支承点），坑口基础梁平面布置如图12.1所示。坑口基础大梁承受静力作用下的竖向及水平荷载作用，并承受较大的水平地震作用，因此确保坑口基础梁的安全是至关重要的。

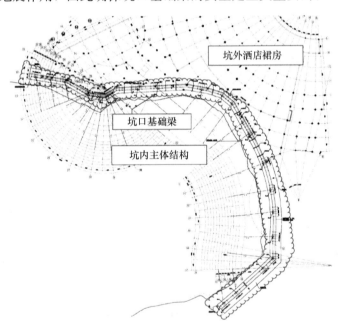

坑外酒店裙房

坑口基础梁

坑内主体结构

图 12.1 坑口基础梁平面布置图

12.2 坑口基础设计与构造

坑口基础为条形基础，基础持力层为中风化基岩，岩石承载力特征值为1700kPa。基础梁上设置一圈混凝土挡土墙，起到围护和挡土作用并加强支座所在部位的刚度，基础梁和外围地下室底板连成整体，满足作为地上2层钢框架结构嵌固支座的要求。条形基础主要由基础地梁、型钢支座预埋件、钢筋混凝土挡墙、岩石预应力锚索、混凝土抗剪键、基础排水管等组成。

基础梁顶面预埋支座埋件和预应力锚索，将保证支座的水平力传递。支座处产生的向坑外的水平力主要通过基础梁和底板等构件传递到外围土层（有约 7m 高的被动土压力平衡）；支座处产生的向坑内的水平拉力主要由预应力锚索承担，同时水平力还可以通过基础梁下混凝土抗剪键来传递。在构造上，由于岩面起伏变化，在基础梁垫层下设置褥垫层，确保条形基础梁受力及变形均匀。基础梁上设置排水系统，将水沿崖壁排入坑内。基础梁详图如图 12.2 所示。

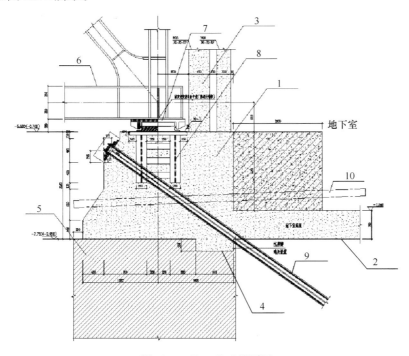

图 12.2 坑口基础梁详图

1—坑口地梁；2—地下室底板；3—地下室外墙；4—混凝土抗剪键；5—基岩面；
6—跨越桁架；7—球形支座；8—钢埋件；9—预应力锚索；10—排水管

12.3 坑口基础梁预应力锚索设计

12.3.1 预应力锚索布置原则

根据基础梁下附近基岩的分布情况，结构在坑顶部位受到很强的约束，坑顶支座的安全性对整个结构在地震作用下的性能产生很大的影响，因此需要对坑顶支座提高安全储备，设计中对支座按"大震不屈服设计"。预应力锚索的主要作用是平衡向坑内方向的水平力，故预应力锚索主要布置在跨越桁架的支座附近。坑口基础梁锚索平面布置如图12.3 所示。

根据地勘报告，坑口基础梁在南北区域岩面起伏变化不一致，岩面坡度较大，选取南北区典型剖面详图，如图 12.4～图 12.6 所示。

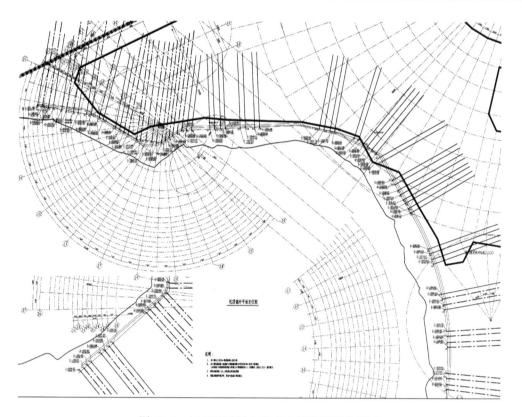

图 12.3 坑口基础梁上预应力锚索平面布置图

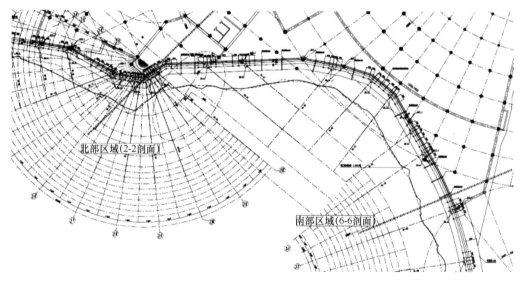

图 12.4 剖面平面图

由图 12.4～图 12.6 可知，基础梁所在位置的持力层岩面标高最高点，岩面持力层深度顺着坑口向坑外起伏变化，并逐步加深，北区岩面起伏变化形成的岩面坡度约在 20°左右，南区岩面起伏变化形成的岩面坡度约在 40°左右。

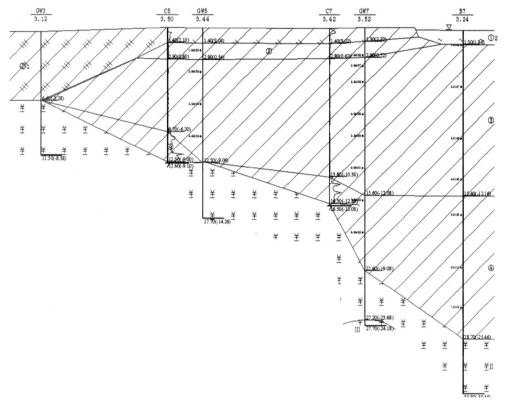

图 12.5 北区典型剖面（2-2 剖面详图）

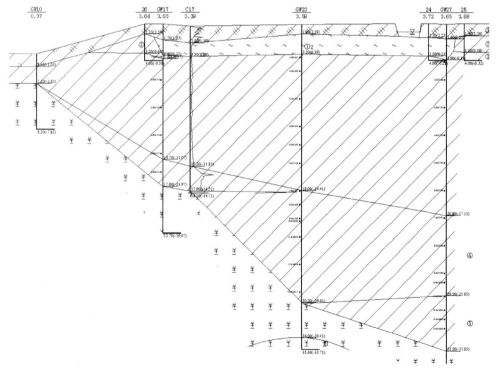

图 12.6 南区典型剖面（6-6 剖面详图）

当拉索水平力一定时，随着拉索坡度的增加，需要的拉索拉力也就越大。另外，要保证岩石预应力锚索的锚固段全部在岩石内，锚索距岩面倾角要有一定的距离，这样才能保证有效的岩石握裹作用。针对场地岩面起伏变化大的特点，对每根锚索采用一索一剖面的施工补充勘察来全面了解每根锚索的入岩情况，保证预应力锚索的有效性。从补充勘察的结果发现，锚索设计时需注意如下几点：

1）岩面起伏变化，锚索角度选择不当导致锚索未入岩（图12.7-a）；

2）当锚索的倾角与岩面走向的倾角基本一致，施工有困难；

3）当锚索入岩后，锚索与岩面距离较小，岩石握裹作用不能充分发挥锚索承载力（图12.7-b）；

4）锚索锚固段末端伸出岩体，握裹作用削弱（图12.7-c）；

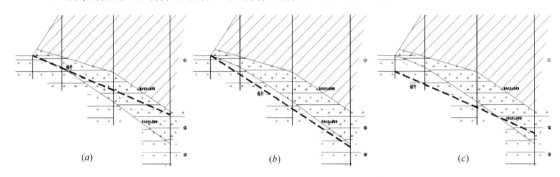

图12.7　锚索常见的错误布置

（a）未入岩；（b）最小净距不足；（c）锚固段伸出岩面

针对上述情况，有针对性的采取如下措施：

1）不入岩的锚索需加大倾角，确保入岩深度，保证水平拉力不变，提高预应力值；

2）当锚索的倾角与岩面走向倾角基本相似时，加大锚索倾角以提高预应力值；

3）调整锚索入岩的倾角，保证岩石的握裹力，确保锚索与岩面垂直最小距离不小于1.5m；

4）锚固段伸出岩体的情况，需适当减小锚索总长度，即确保锚固段的长度，适当缩小自由段长度。

通过采取有效措施，选择合适的锚索倾角及长度，通过一索一剖面的勘察方案，基本能保证每根锚索均满足结构设计要求。锚索剖面示意图如图12.8所示。

12.3.2　预应力锚索设计

预应力锚索设计由钢锚杆杆体和锚固体截面验算以及锚固长度验

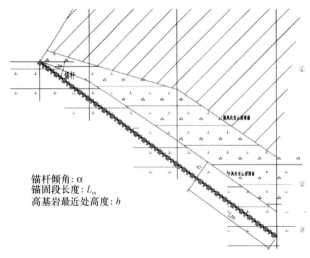

锚杆倾角：α
锚固段长度：L_m
高基岩最近处高度：h

图12.8　锚索正确布置原则

算等几部分组成。

（1）杆体和锚固体截面面积验算

根据《岩土锚杆（索）技术规程》CECS 22—2005 钢锚杆杆体的截面面积应按下式确定：

$$A_s \geqslant \frac{K_t N_t}{f_{ptk}} \tag{12.1}$$

式中　K_t——锚杆杆体的抗拉安全系数；

　　　N_t——锚杆的轴向拉力设计值（kN）；

　　　f_{ptk}——钢绞线的抗拉强度标准值（kPa）。

（2）锚固段长度验算

根据《岩土锚杆（索）技术规程》CECS 22—2005 锚杆或单元锚杆的锚固段长度可按下式估算，并取其中的较大值：

$$L_a > \frac{K N_t}{\pi D f_{mg} \psi} \tag{12.2}$$

$$L_a > \frac{K N_t}{n \pi d \xi f_{ms} \psi} \tag{12.3}$$

式中　K——锚杆锚固体的抗拔安全系数；

　　　N_t——锚杆或单元锚杆的轴向拉力设计值（kN）；

　　　L_a——锚杆锚固段长度（m）；

　　　f_{mg}——锚固段注浆体与地层间的粘结强度标准值（kPa），通过试验确定；当无试验资料时可查表，本工程 $f_{mg}=600$kPa；

　　　f_{ms}——锚固段注浆体与筋体间的粘结强度标准值（kPa），通过试验确定；当无试验资料时可查表，本工程 $f_{ms}=3000$kPa；

　　　D——锚杆锚固段的钻孔直径（m）；

　　　d——钢筋或钢绞线的直径（m）；

　　　ξ——采用 2 根或 2 根以上钢筋或钢绞线时，界面的粘结强度降低系数，取 0.6 ～0.85；

　　　ψ——锚固长度对粘结强度的影响系数；

　　　n——钢筋或钢绞线根数。

基础梁预应力锚索采用如下两种：

1) 锚索抗拔力 2400kN，$9\phi_s$ 21.6-1860，无粘结钢绞线；

$$L_a > \frac{K N_t}{\pi D f_{mg} \psi} = \frac{2.2 \times 2400}{3.14 \times 0.17 \times 1.2 \times 0.6 \times 1000} = 13.7\text{m}$$

$$L_a > \frac{K N_t}{n \pi d \xi f_{ms} \psi} = \frac{2.2 \times 2400}{9 \times 3.14 \times 21.6 \times 0.6 \times 3.0 \times 0.6 \times 1000} = 8.0\text{m}$$

取两者中的较大值则锚固段长度应大于 13.7m，而本工程设计图纸采用的锚固段长度为 15m，满足规范要求。

$$A_s = \frac{K_t N_t}{f_{ptk}} = \frac{1.8 \times 2400}{1860 \times 1000} = 2.32 \times 10^{-3}\text{m}^2 = 2320\text{mm}^2$$

设计图纸采用 $9\phi_s21.6\text{-}1860$ 无粘结钢绞线，其实际截面面积 $A'_s = 40.715 \times 7 \times 9 = 2565.045\text{mm}^2 > 2320\text{mm}^2$，满足规范要求。

2）锚索抗拔力 1600kN，$6\phi_s21.6\text{-}1860$，无粘结钢绞线；

$$L_a > \frac{KN_t}{\pi D f_{mg}\psi} = \frac{2.2 \times 1600}{3.14 \times 0.17 \times 1.2 \times 0.6 \times 1000} = 9.2\text{m}$$

$$L_a > \frac{KN_t}{n\pi d\xi f_{ms}\psi} = \frac{2.2 \times 1600}{6 \times 3.14 \times 21.6 \times 0.6 \times 3.0 \times 0.6 \times 1000} = 8.0\text{m}$$

取两者中的较大值则锚固段长度应大于 9.2m，而本工程设计图纸采用的锚固段长度为 10m，满足规范要求。

$$A_s = \frac{K_t N_t}{f_{ptk}} = \frac{1.8 \times 1600}{1860 \times 1000} = 1.55 \times 10^{-3}\text{m}^2 = 1550\text{mm}^2$$

设计图纸采用 $6\phi_s21.6\text{-}1860$ 无粘结钢绞线，其实际截面面积 $A'_s = 40.715 \times 7 \times 6 = 1710.03\text{mm}^2 > 1550\text{mm}^2$，满足规范要求。

两种预应力锚索主要参数如表 12.1 所示：

锚索主要参数　　　　　　　　　　　　　　表 12.1

锚索类型	抗拔力	锚索总长度	锚固段长度	倾角	成孔直径
锚索一（$9\phi_s21.6\text{-}1860$）	2400kN	40m	15m	35°	170mm
锚索二（$6\phi_s21.6\text{-}1860$）	1600kN	30m	10m	35°	170mm

两种预应力锚索做法详图详见图 12.9～图 12.11。

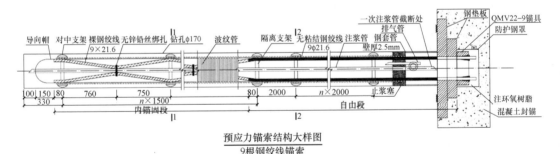

预应力锚索结构大样图
9根钢绞线锚索

图 12.9　锚索一大样图

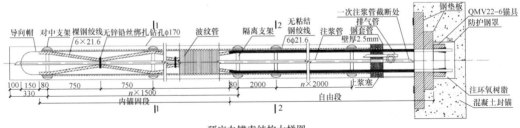

预应力锚索结构大样图
6根钢绞线锚索

图 12.10　锚索二大样图

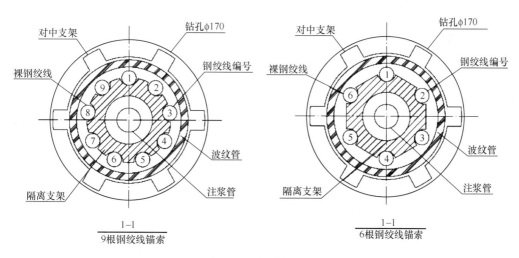

图 12.11　锚索剖面图

12.3.3　预应力锚索试验

根据设计要求，坑口基础梁上共有 89 根预应力锚索，结合现场实际情况及地质特性选择 2 种规格的锚索各 3 根进行试验，施工具体参数要求必须符合设计图纸要求。

具体布置为：设计预应力为 2400kN 的预应力锚索基本试验 3 根，编号依次为试 MS-1-1、试 MS-1-2、试 MS-1-3；设计预应力为 1600kN 的预应力锚索基本试验 3 根，编号依次为试 MS-2-1、试 MS-2-2、试 MS-2-3。6 根试验锚索与 89 根预应力锚索的基准线一致，均在钢桁架的支座线上。

6 根试验锚索注浆采用 P.O42.5R 普通硅酸盐水泥，水泥净浆水灰比 0.42，注浆压力 1.0～1.5MPa，浆体强度 40MPa，均超张拉 5%，试验锚索主要参数如表 12.2 所示。

试验锚索主要参数　表 12.2

试验锚索编号	锚索长度 （锚固段＋自由段）	成孔直径	倾斜角度	预应力筋	设计预应力	试验最高荷载
MS-1-1	40m（12＋28）	170mm	35°	$9\phi_s21.6$	2400kN	3816.7kN
MS-1-2	40m（15＋25）	170mm	35°	$9\phi_s21.6$	2400kN	3816.7kN
MS-1-3	40m（18＋22）	170mm	35°	$9\phi_s21.6$	2400kN	3816.7kN
MS-2-1	30m（7＋23）	170mm	35°	$6\phi_s21.6$	1600kN	2544.5kN
MS-2-2	30m（10＋20）	170mm	35°	$6\phi_s21.6$	1600kN	2544.5kN
MS-2-3	30m（13＋17）	170mm	35°	$6\phi_s21.6$	1600kN	2544.5kN

锚索试验主要是检验设计承载能力和施工工艺，同时研究不同锚固段长度对锚索承载能力的影响。

锚索的张拉设备选用 QMV22-9 锚具和 YCW-400 空心油压千斤顶，张拉应遵循下列规定：

1. 张拉前，预应力设备应进行标定。

2. 只有当锚固体强度大于 40MPa 后方可进行张拉。

3. 正式张拉前，应取 0.1 倍设计轴向拉力值对锚索进行预张拉 1～2 次，使其各部位接触紧密，杆体完全平直。

4. 当锚杆试验出现下列情况之一时，可判定锚杆破坏：

① 后一级荷载产生的锚头位移增量达到或超过前一级荷载产生的位移增量的 2 倍；

② 锚头位移持续增长；

③ 锚索杆体破坏。

根据上述试验，试验锚索极限承载力均满足结构设计要求。

12.4 坑口基础梁支座节点设计

坑内主体结构在地下一层和坑上首层设置跨越桁架，主体结构通过跨越桁架与坑口基础梁连接，形成主体结构的顶端约束。基础梁上支座为跨越桁架支承点，在坑顶部位受到很强的约束，坑顶支座安全性对整个结构在地震作用下的性能产生很大的影响，因此需要对坑顶支座特别加强安全储备，设计中对支座按"大震不屈服设计"。

12.4.1 基础梁型钢埋件设计

基础梁顶面同钢桁架连接的钢支座和钢埋件受水平荷载极大，最大位置荷载有 12500kN，设计选用了球形钢支座。而对于钢埋件，不仅需要能承受极大的水平荷载，而且需要便于混凝土浇筑施工，为此研究了特殊的多道格构式型钢埋件（图 12.12）。

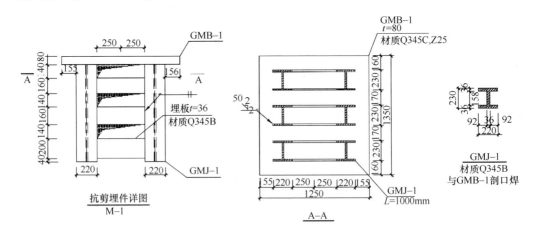

图 12.12 格构式埋件

采用有限元分析软件对钢埋件和混凝土基础梁进行大震不屈服性能目标下的有限元分析，结果表明钢材基本在弹性工作范围，未进入塑性（图 12.13、图 12.14）。坑口梁混凝土部分的主压应力小于其抗压强度（图 12.15），基础梁内的钢筋也未屈服（图12.16）。

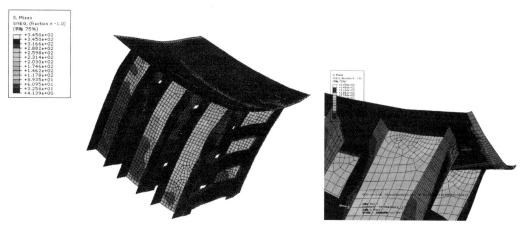

图 12.13　预埋件整体等效应力（MPa）　　　　图 12.14　预埋件局部放大等效应力（MPa）

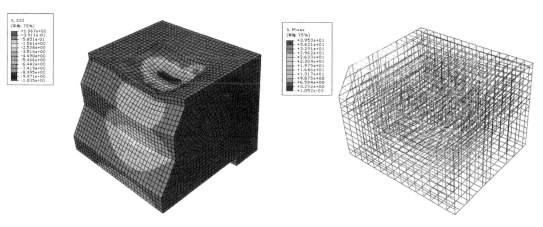

图 12.15　混凝土第三主应力（MPa）　　　　图 12.16　钢筋等效应力（MPa）

12.4.2　球形支座设计

球形固定铰支座按"大震不屈服"抗震性能目标进行设计，支座的主要设计参数如表12.3 所示。

球形固定铰支座技术指标（设计值）　　　　表 12.3

支座编号	压力（kN）	拔力（kN）	剪力设计值（kN）		位移（mm）		转角
			沿桁架方向	垂直桁架方向	沿桁架方向	垂直桁架方向	
SA-A	14000	0.0	12500	1000	0.0	0.0	2.5°

球形支座详图如图 12.17 所示：

如图 12.18 所示，球形支座竖向力的主要传力路径为：外部竖向力→上支座板→不锈钢滑板→平面滑板→支座球芯→球面滑板→下支座板；水平剪力传力路径：外力→上支座板→下支座板；

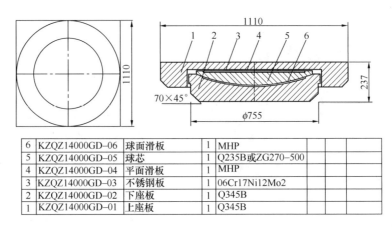

6	KZQZ14000GD-06	球面滑板	1	MHP		
5	KZQZ14000GD-05	球芯	1	Q235B或ZG270-500		
4	KZQZ14000GD-04	平面滑板	1	MHP		
3	KZQZ14000GD-03	不锈钢板	1	06Cr17Ni12Mo2		
2	KZQZ14000GD-02	下座板	1	Q345B		
1	KZQZ14000GD-01	上座板	1	Q345B		

图 12.17　球形支座详图

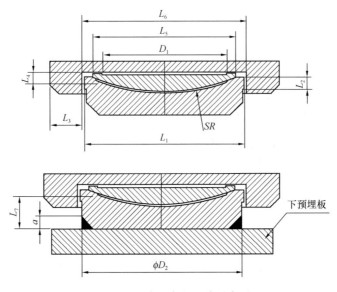

图 12.18　球形支座尺寸示意图

（1）竖向压应力验算：

压应力＝竖向压力/面积，在压力传递路径上滑板处压应力是最薄弱处，所以对该处进行计算：

受压面积：
$$S = \pi \times D_1^2/4$$

竖向压应力：
$$\sigma = P/S$$

当上部荷载传递至滑板处压应力 σ 不超过其强度设计值时，则支座可有效传递竖向力。

（2）水平力构件应力验算：

1）水平力对下座板的上凸缘端面压应力计算：

水平力作用面长度：
$$B = L_1$$

作用面宽度：
$$L_2$$

作用面积：
$$S = B \times L_2$$

局部压应力：
$$\sigma = F/S$$

当局部压应力不超过其强度设计值时，则支座下座板的上凸缘可有效传递水平力。

2）水平力对上座板侧壁厚的计算：

上座板的侧壁包含弯曲正应力，剪切应力，应考虑综合折算应力。

弯曲正应力：
$$\sigma = F \times L_4 \times 6/(L_1 \times L_3^2)$$

剪应力：
$$\tau = F/(L_1 \times L_3)$$

折算应力：
$$\sqrt{\sigma^2 + 3\tau^2}$$

当单工况应力及折算应力均不超过其强度设计值时，则支座上座板的侧壁可有效传递水平力。

（3）转角计算：

根据弧长计算公式：弧长＝半径×弧度，因支座转动弧度非常小，故用弧长代替直线长度即可满足要求。

转角 2.5°转化为弧度 $\theta = 0.044\text{rad}$。

当支座产生 θ 转动时，支座的球芯即绕其球面的球心转动 θ_{rad}，验算转动了的尺寸 D_1 与尺寸 L_5 是否干扰而影响支座转动。

则
$$R \times \theta \times 2 + D_1 < L_5$$

当支座产生 θ 转动时，支座的球芯即绕其球面的球心转动 θ_{rad}，验算转动了的尺寸 L_5 与内腔尺寸 L_6 的包容性。

平面滑板、球面滑板直径皆为 D_1 则
$$R \times \theta \times 2 + L_5 < L_6$$

（4）焊角计算：

支座剪力力臂 L_7，焊脚尺寸 a。

焊缝传递弯矩：
$$M = F \times L_7 \times 1000$$

焊缝截面模量：
$$W = \pi \times \frac{[D_2^4 - (D_2 - 2a)^4]}{32} / D_2$$

弯曲应力：
$$\sigma = M/W$$

剪应力：
$$\tau = F \times 1000/\pi/(D_2 - 2a)/0.7/a$$

折算应力：
$$\sqrt{\sigma^2 + 3\tau^2}$$

当单工况应力及折算应力均不超过其强度设计值时，则支座下部焊缝可满足承载力要求。

参考文献

［1］ 于冲．预应力锚索数值模拟方法及动力承载特性研究［D］．西安：西安理工大学，2006：8-14.

［2］ 陈阶亮，谢晓波，谭永朝等．大吨位抗震球形支座的有限元分析［J］．公路交通科技，2005，22（8）：98-101.

［3］ 上海地矿工程勘察有限公司提供的《上海世茂天马深坑酒店工程拟建场地岩土工程勘察报告》（工程编号 08KC101）.

［4］ 中国地震局地壳应力研究所提供的《上海世茂松江辰花路二号地块地震安全性评价报告》和补充报告.

第13章 基于三维协同坑底复杂地貌的设计研究

13.1 坑底地质概况

主体结构所在的坑底岩面起伏变化较大，岩面标高在$-48.33\sim-70.53$m 之间，高差达 22.20m。采石坑内勘察所揭露的 5.60m 深度范围内的地基土按其结构特征、地层成因、岩性不同和物理力学性质上的差异可划分为碎石层和弱风化基岩。坑内未发现涌水和渗水现象，说明采石坑与地表水无直接水力关系。坑内水主要由大气降水补给，与地下水也无关。场地内地下水对混凝土结构不具有腐蚀性，在长期浸水环境中地下水对钢筋混凝土结构中的钢筋亦不具有腐蚀性；在干湿交替环境中地下水对钢筋混凝土结构中的钢筋具有弱腐蚀性，对钢结构具有弱腐蚀性。

坑内主体结构采用分块箱形基础结合筏形基础，基础持力层为弱风化基岩（安山熔岩）。坑内岩面实际情况如图 13.1 所示。

由于坑内地形起伏很大，地形测绘资料不够完善，常规的测绘和基础设计方法由于复杂地貌的影响，会带来较大设计误差，甚至影响基础设计的安全性。为此，引入三维激光扫描技术，它具有高效率、高精度的独特优势，精准的测绘数据，为设计提供可靠的技术支持。三维激光扫描技术能完整并高精度的重建扫描实物及快速获得原始测绘数据，可以真正做到直接从实物中进行快速的逆向三维数据采集及模型重构，其激光点云中的每个三维数据都是直接采集的真实数据，后期处理的数据完全真实可靠。

图 13.1 坑内岩面起伏变化分布图

13.2 三维激光扫描技术概述

13.2.1 三维激光扫描技术概念

三维激光扫描采用非接触式高速激光测量方式，以点云的形式获取地形及复杂物体三维表面的阵列式几何图形数据，实现三维重建。三维激光扫描系统主要是由三维激光扫描仪和系统软件组成，能够方便、快速、准确地获取近距离静态物体的空间三维模型，可以方便对模型进行进一步的分析和数据处理，三维激光扫描获得的原始数据为点云数据。

三维激光扫描技术是从复杂实体或实景中重建目标的全景三维数据及模型，主要是获取目标的线、面、体、空间等三维实测数据并进行高精度的逆向三维建模的技术。三维激光扫描技术集光、机、电等各种技术于一身，它是从传统测绘计量技术并经过精密的传感工艺整合及多种现代高科技手段集成而发展起来的，是对多种传统测绘技术的概括及一体化。

13.2.2　三维激光扫描仪工作原理

三维激光扫描系统包括三维激光扫描仪、便携三脚架、线缆、便携电脑及控制装置、定标球及标尺、测控软件、信息后处理软件等（图 13.2、图 13.3）。其中三维激光扫描仪的主要构造，包括一台高速精确的激光测距仪，配上一组可以引导激光并以均匀角速度扫描的反射棱镜。激光测距仪主要功能是发射激光，同时接受由自然物表面反射的信号从而可以进行测距，针对每一个扫描点可测得测站至扫描点的斜距，再配合扫描的水平和垂直方向角，可以得到每一扫描点与测站的空间相对坐标。如果测站的空间坐标是已知的，那么则可以求得每一个扫描点的三维坐标。

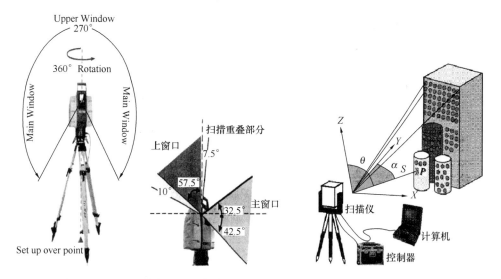

图 13.2　地面三维激光扫描仪构成　　　图 13.3　地面三维激光扫描系统与坐标系

三维激光扫描仪整个工作过程为：首先是由激光发射器发射出激光脉冲信号，信号经过旋转棱镜射向目标，然后通过接收器，接收反射回来的激光脉冲信号，并由记录器记录，最后转换成能够直接识别处理的数据信息，经过软件处理得到想要的数据输出（图13.4）。

（1）三维激光扫描仪扫描点的坐标计算原理

发射器发出一个激光脉冲信号，经自然物体表面漫反射后，信号沿几乎相同的路径反向传回到接收器，这样可以计算目标点 P 与扫描仪距离 S，精密时钟控制编码器同步测量每个激光脉冲横向扫描角度观测值 α 和纵向扫描角度观测值 β。三维激光扫描测量一般为仪器自定义坐标系，坐标原点在扫描仪内部，X 轴在横向扫描面内，Y 轴在横向扫描面内与 X 轴垂直，Z 轴与横向扫描面垂直，如图 13.5 所示。由此可以得扫描目标点 P 的坐标的计算公式：

$$\begin{cases} X_{\mathrm{p}} = S\cos\beta\cos\alpha \\ Y_{\mathrm{p}} = S\cos\beta\sin\alpha \\ Z_{\mathrm{p}} = S\cos\beta \end{cases} \tag{13.1}$$

式中的距离 S 一般由检查激光脉冲从发出到接收之间的时间延迟计算获得。假设发射脉冲往返时间间隔为 T，则目标点 P 到扫描仪的距离 S 为：$S = CT/2$，其中 C 为光速。

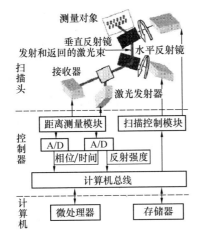

图 13.4　三维激光扫描仪的基本工作原理

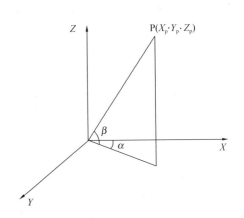

图 13.5　扫描点的坐标计算原理

（2）三维激光扫描仪的测距系统原理

三维激光扫描仪测距原理可以分为三角测量式、脉冲式、相位式和脉冲-相位式四种。本工程采用徕卡三维激光扫描仪，测距系统原理是脉冲式测距方法。

由于激光的发散角小，激光脉冲持续时间极短，瞬时功率极大，可达到兆瓦以上，因而可以达到极远的测程。脉冲激光多数不使用合作目标，而是利用被测目标物对脉冲激光的漫反射获得反射信号来测距。其原理是利用发射和接收脉冲激光的时间差来实现对被测目标的距离测量。脉冲式测距公式为：

$$D = \frac{1}{2}c\Delta t \tag{13.2}$$

式中 D 为测量距离，c 为光速，Δt 为发射和接收脉冲激光的时间差。

（3）三维激光扫描仪的测角系统原理

三维激光扫描系统通过内置伺服驱动马达系统精密控制激光测距系统在水平方向和垂直方向的转动，同时记录下每个测量点的水平转动角度 α 和垂直旋转角度 θ。与常规测量仪器的度盘测角不同，扫描仪通过激光光路的变化实现角度的测量。扫描仪通过两个步进电机实现扫描仪在水平方向和垂直方向的变化，步进电机可以将电脉冲信号转换为角位移信息，实现对扫描仪姿态的精确定位。步进电机采用等分步进技术获得精确稳定的步距角

$\Delta\theta$，扫描仪工作时步进电机通过光路的变化分别记录水平方向和垂直方向 $\Delta\theta$ 变化的数目，从而计算得到水平转动角度 α 和垂直旋转角度 θ。

（4）三维激光扫描仪的扫描系统原理

为了实现对目标物体的三维扫描激光束在水平方向和垂直方向上均匀连续变化，目前三维激光扫描仪大多使用光学扫描模块来控制激光束出射的方向，激光脉冲经目标反射后由光探测设备接收并记录，从而实现整个场景的数据获取。目前三维激光扫描系统采用的扫描装置主要有旋转多边形镜、旋转棱镜、光纤扫描镜和扫描镜偏转四种，地面三维激光扫描仪一般使用旋转多边形镜、旋转棱镜和扫描偏转镜（图 13.6）。

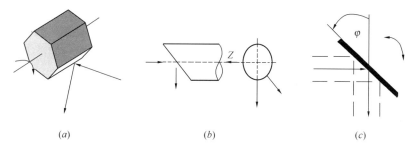

(a)　　　　　　　　　　(b)　　　　　　　　　　(c)

图 13.6　地面三维激光扫描仪常用扫描系统
(a) 旋转多边形镜；(b) 旋转棱镜；(c) 扫描偏转镜

（5）三维激光扫描技术工作流程

完整重建目标，仅仅从一个观测点扫描测绘目标数据是不够的，还必须在不同观测点进行扫描测绘，并且在同一个空间坐标系中合并后才能生成，MENSI 技术提供了人工辅助的自动合并功能，只要在扫描目标前规划好扫描内容并且设置好定标球便可。将不同观测点扫描的点云内容在同一个空间坐标系中进行合并，然后在后处理软件功能模块中剪裁掉无关的部分，便得到所需的目标三维重建内容（重建流程如图 13.7 所示），接下来的工作是对点云数据进行处理，进行平滑、去噪、精度筛选、方差均值处理等，这样便得到可以用于各种应用目的的工作。

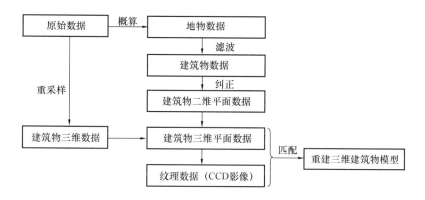

图 13.7　建筑物特征提取和重建的流程图

三维激光扫描技术工作流程一般分为前期准备阶段、点云数据采集、数据处理最终建立模型等几个阶段。大致如图 13.8 所示。

13.2.3 三维激光扫描技术的特点

三维激光扫描测绘技术的测量内容是高精度测量目标的整体三维结构及空间三维特性，并为所有基于三维模型的技术应用而服务。可以重建目标模型及分析结构特性，如：几何尺寸、长度、距离、体积、面积、重心、结构形变，结构位移及变化关系、复制、分析各种结构特性等；而传统三维测量技术的测量内容是高精度测量目标的某一个或多个离散定位点的三坐标数据及该点三维特性，仅能测量定位点的数据并且测绘不同定位点间的简单几何尺寸，如：长度、距离、点位形变、点位移等。

三维激光扫描技术，具有高精度、速度快、分辨率高、非接触式、兼容性好等特点优势（图 13.9）。

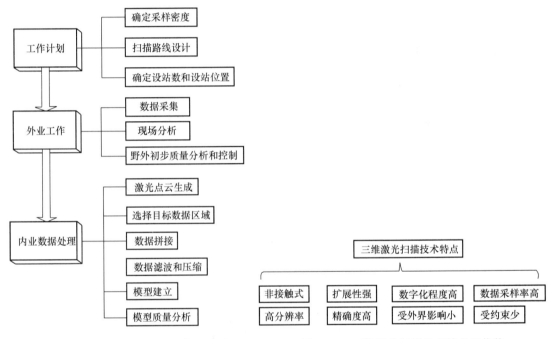

图 13.8　三维激光扫描技术工作流程图　　　图 13.9　三维激光扫描技术特点及优势

三维激光扫描技术在工程建设各领域应用广泛。它对使用条件要求不高，环境适应能力强，适合野外测量。三维激光扫描技术大大减轻了工作强度，节省了大量时间，提高了工作效率，很好地满足测绘技术需求。

13.3　三维激光扫描技术应用

三维激光扫描技术，能完整并高精度的重建扫描实物及快速获得原始测绘数据，建立真实可靠的数据，通过进行快速的逆向三维数据采集及模型重构，准确获得复杂岩面的真实模型，完整的反映岩面同主体建筑的关系。

13.3.1　点云处理与三维建模

针对项目特点，在坑内中心点附近及上部坑口周边各布置 4 个站点，通过这 8 个站点扫描信息可以基本完整的反映深坑的基本特征。

（1）点云拼接及去噪处理

由于扫描是分站进行的，因此为了得到被测对象的完整信息，需要将各站进行拼接总装。软件自动选取控制点实行拼接，拼接完成的数据再次利用数据融合功能将重合部分的数据进行归并，以避免数据的冗余和不一致。

扫描过程中外界环境因素对扫描目标的阻挡和遮掩，如扫描过程中移动的车辆、行人树木的遮挡，及建筑物本身的反射特性不均匀，会导致最终获取的扫描点云数据内可能包含不稳定的点和错误的点。因此点云数据拼接后的去噪处理，可清除一些不正确的数据，获取有效数据。

（2）坐标转换与三维建模

通过扫描直接得到的点云图坐标系是设备坐标系，需添加全局控制点，将所有分站扫描得到的点云数据统一到一个坐标系下，从而完成各测站的独立坐标系向统一坐标系的转换。

采用多边形网格建立三维几何模型，基于点云数据的几何模型通过软件自动生成，将三维扫描技术与直接建模技术融为一体。BIM 模型、CAD 数据和扫描的点云必须具有统一的地理坐标系才能相互配合协同设计。

将三维模型导入相关软件，并整合各专业 BIM 模型，基于三维模型及 BIM 模型数据平台，达到整个工程的协同设计。图 13.10 为坑底实景照片，通过三维扫描技术，扫描得到实际坑底的点云数据，通过扫描得到的点云数据，可得到岩面的点云等高线图（如图 13.11 所示），通过拟合可得到岩面的真实三维模型（如图 13.12 所示）。基于三维模型，可结合坑底墙柱基础，直观的了解到基础所在部分的岩面起伏变化情况，并有针对性的采取相应措施。

图 13.10　基础岩面实景图

对建筑物和崖壁之间的关系、建筑基础同持力层起伏岩面之间的关系、建筑基础同回填混凝土的关系、回填混凝土同起伏岩面之间的抗滑抗剪关系、崖壁稳定的加固同建筑基础的关系、崖壁回填混凝土的方量计算等内容若采用传统的测量方法，不仅需要投入大量的人力和物力，而且测量精度也达不到设计的要求。

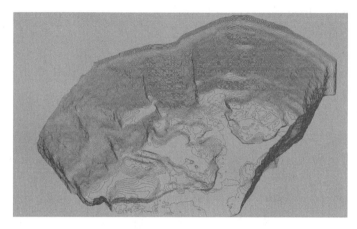

图 13.11　三维扫描点云生成等高线图

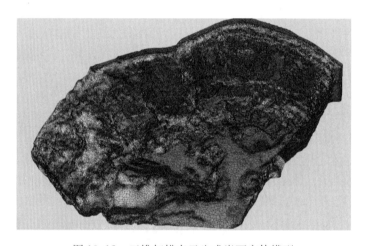

图 13.12　三维扫描点云生成岩面实体模型

　　三维激光扫描点云数据，可生成得到岩面起伏变化等高线云图，如图 13.13 所示，等高线间距为 100mm。根据三维扫描得到的岩面等高线图，在等高线图中定位各个墙柱基

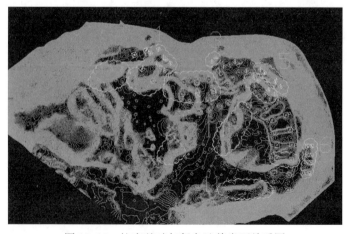

图 13.13　坑底基础与复杂地貌岩面关系图

础，等高线越密集的区域岩面高差变化越大，等高线越稀疏的区域岩面高差越小。由图13.13 可知，云线 1、4 所示区域岩面起伏变化很大，高差达十几米；云线 2、7 所示区域岩面有起伏，但高度不大，约为几米；云线 3 所示区域与崖壁碰撞，需调整建筑布置；云线 5、6 所示区域与崖壁较近；云线 8 所示区域室外游泳池与崖壁碰撞，此处高差数十米，建议调整室外泳池位置；云线 9、10、11 所示区域为室外消防平台，位于崖壁较陡区域，需采取有效措施。

由三维激光扫描得到坑底实际三维模型，可获得各个重点剖面岩面起伏变化情况，如图 13.14 所示，可得到左侧塔 1 径向（2-4～2-12）及环向（2-F、2-L）、右侧塔 2径向（3-1～3-7）及环向（3-B、3-H）剖面详图。根据三维模型及剖面详图可深化基础设计，为后续精细化设计提供可靠的依据，详见表 13.1。

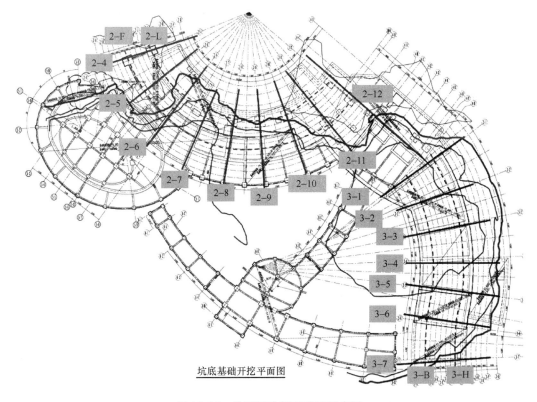

图 13.14　关键部位剖面平面示意图

关键部位剖面详图　　　　　　　　　　　　　　　　表 13.1

2-4 轴	2-5 轴	2-6 轴

197

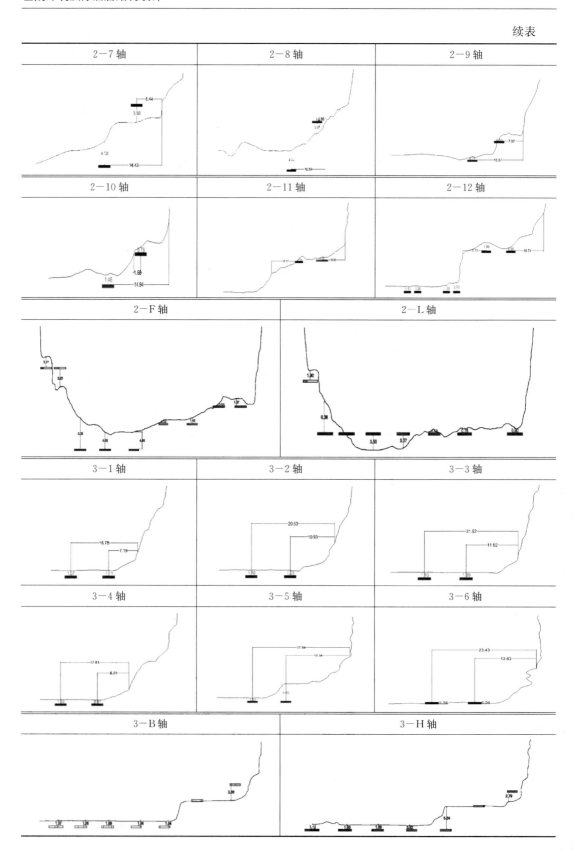

13.3.2　深化基础设计

应用三维激光扫描技术的高效率、高精度、逼近原形的独特优势，将坑底复杂地貌情况的许多不可预见的问题提前暴露和发现。由于坑内持力层起伏变化较大，原结构基础设计标高与现场岩面实际标高有差别。为满足基础设计要求，一方面对设计标高以上岩面采用爆破的方式，另一方面对岩面标高较低区域采用回填混凝土。由于岩面爆破无法保证开挖后完成面完全符合基础设计标高，同时爆破对边坡的安全稳定影响极大，而大面积回填混凝土又会造成工程造价的增加，如何在两种方法之间寻找合理平衡成为基础设计的关键。

三维激光扫描技术建立的三维模型能直观判断基础设计标高与实际岩面之间的相对关系。通过三维扫描得到各个基础下岩面真实情况，调整基础设计，并将调整后设计成果反馈三维模型进行检验，通过调整——反馈——再调整，直到基础设计安全经济。以图13.15 所示部分基础为例，通过三维模型得到岩面起伏情况，根据实际岩面起伏，将基础标高由原来的 1、2 位置调整至 $1'$、$2'$ 处。

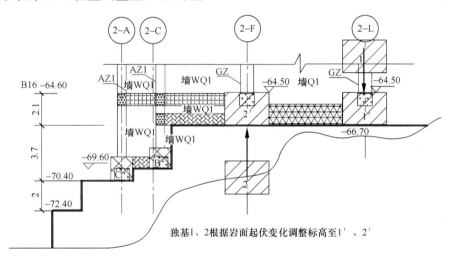

图 13.15　根据三维扫描成果调整基础标高

13.3.3　指导理论计算

通过三维模型可得到较为精确的基础所在剖面实际岩面起伏情况，为岩面上回填混凝土抗滑移及整体稳定性验算提供可靠的数据资料。根据这些剖面（表 13.1 所示）可对各个剖面抗滑移稳定进行验算，寻求最优的回填方案，根据最终回填方案，可进行整体稳定性验算。

13.3.4　局部加强处理

三维激光扫描建立的三维模型，能通过计算来判断崖壁较陡区域对结构安全的影响，对岩壁较陡区域用回填混凝土、增设预应力锚索，来提高基础设计的安全性。同时，在局部回填混凝土较陡区域增设钢管抗剪键，增强回填混凝土的抗水平滑移能力。以岩面较复杂的 2－M 轴线（环向剖面）为例（图 13.16），由于岩面较陡，而且靠近岩面区域为建筑的电梯厅，故导致回填混凝土也较陡，为满足建筑使用功能，无法通过增加回填混凝土范围来增强结构安全性，为此通过崖壁增设锚索及坡脚增设抗剪键来提高回填混凝土的水平抗滑移，达到结构受力要求。

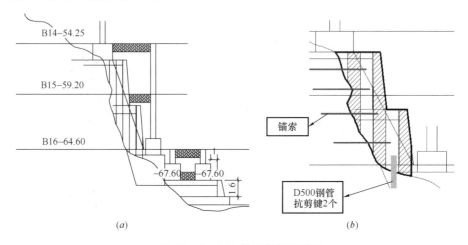

图 13.16　2-M 轴局部加强措施

（a）满足建筑使用功能回填混凝土；（b）回填混凝土局部放大及加强措施

13.3.5　工程协同设计

采用三维激光扫描建立的坑底原状模型，利用后处理软件，导入 BIM 软件建立的三维建筑模型，通过三维虚拟可视的方法，能直观的判断三维建筑模型与外部环境的关系。有效避免建筑设计与周边环境存在碰撞和影响环境安全的情况，将可能发生的问题，在设计阶段提前调整方案，以达到工程项目与周边环境的整体协同设计。

为满足基础设计要求，需进行岩体爆破和回填混凝土的处理。对于局部坡面较陡区域已无法进行爆破，只能通过回填混凝土使得基础设计达到预定标高。三维激光扫描建立的三维模型，能提前预判回填混凝土在施工过程中对建筑及机电功能的影响，在设计阶段通过调整建筑功能布置，在满足结构安全的前提下，最大限度的节省建筑使用空间，避免因各专业互相挤占冲突而造成的返工、延误工期，从而节省项目成本。同时，根据三维模型，由于崖壁非常陡峭，侧面崖壁几乎无爆破可能，从结构安全性角度出发，通过调整建筑布置，使得建筑功能区域与侧面崖壁不发生碰撞。

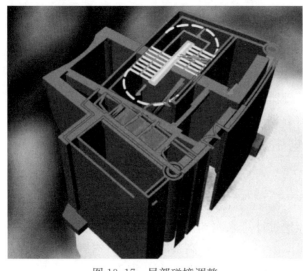

图 13.17　局部碰撞调整

如图 13.17 为局部建筑楼梯平

面布置已深入崖壁内，影响岩壁安全，从结构安全出发让建筑调整楼梯布置（转 90°放置），使设计能顺利进行，而不会出现后期返工现象。

三维扫描可得到各个基础下岩面的真实情况，结合 BIM 模型的数据，清楚直观的了解建筑物基础同整个地貌之间的关系，通过调整——反馈——再调整，深化基础设计，从而达到整个工程的协同设计。

坑底基础回填混凝土设计完成后三维模型如图 13.18 所示。

图 13.18　基础回填布置图

坑底箱型基础设计完成后三维模型如图 13.19 所示。

图 13.19　基础完整布置图

13.3.6　快速土方量计算

传统基于有限个勘测点的数据来计算土方量精度差、效率低。原因在于：虽然勘测点本身的精度可达毫米级，但由于测点数量有限，测点间间距较大，无测点区域的数据通过插值或拟合方法得到，而本工程岩面起伏变化较大，由此产生的误差较大。此外，传统测绘方法较为耗时，且是一种接触式的测绘手段，对于人力无法到达的崖壁等区域测绘难度较大。

三维激光扫描是一种非接触式测绘方法，测绘精度高、数据量大、效率高。以本项目为例，30000m² 深坑岩面测绘时间（包括转站）仅为 3 小时，测点数量 500 万个点，精度 2mm。

三维激光扫描得到真实岩面模型，通过理论计算得到复杂岩面的最终回填混凝土方案，三维扫描岩面与回填混凝土面之间求体积，即可计算理论混凝土用量。利用激光扫描获得的三维地形图无论是计算岩石爆破方量，还是混凝土基础填方量都是十分方便和准确的。

三维激光扫描采用独特的点云建模方式，为建筑物建模提供了一种全新的思路。通过三维激光扫描技术在深坑酒店基础设计中的应用，大大减少了现场测量的工作量，极大地提高了工作效率，同时，三维模型深化基础设计，既满足安全性原则，又节省工程用量。三维扫描得到的模型为结构理论计算提供了基础性数据。通过三维模型，整合 BIM 模型与建筑周边环境之间的关系，进行各学科的可视、量化协同设计，指导整个工程的协同设计。

三维激光扫描技术相对于传统测量技术具有无可比拟的优势，可以快速获取复杂目标体的三维空间数据，其在三维建模中将发挥重要作用。

参考文献

[1] 张文. 基于三维激光扫描技术的岩体结构信息化处理方法及工程应用[D]. 成都：成都理工大学，2011：10-22.

[2] 刘昌军，丁留谦，孙东亚. 基于激光点云数据的岩体结构面全自动模糊群聚分析及几何信息获取[J]. 岩石力学与工程学报，2011，30(2)：358-364.

[3] 潘国荣，秦世伟，蔡润彬. 三维激光扫描拟合平面自动提取算法[J]. 同济大学学报（自然科学版），2009：37(9)：1250-1255.

[4] 戴靠山，徐一智，公羽. 三维激光扫描在风电塔检测中的应用[J]. 结构工程师，2014：30(2)：111-115.

[5] 陆道渊，黄良，唐波. 三维激光扫描技术在世茂深坑酒店基础设计中的应用[J]. 结构工程师，2016：32(2)：159-164.

第14章 复杂地貌回填混凝土及基础设计研究

14.1 坑底基础与复杂地貌的关系

在岩质边坡这种复杂的工程地质条件下建造大型公共建筑工程，要考虑岩面起伏变化大的不利影响。由于地势倾斜，一般需要对场地进行修整和地基处理，通常可采用以下几种方法：

1）结构平面尺度较大时，宜将场地修整为若干连续台阶地基，建筑物的基础可跨各级台阶顺坡建造。

2）结构平面尺度和坡面倾角较小时，可将坡地填为一平台，此时填方量相对较小，地基处理费用较低。

3）结构平面尺度较小，岩石开挖成本较低时，也可进行坡地岩石开挖，将坡地削为一平台。此时岩层的连续性可能会被破坏，导致整体失稳现象，设计时应引起注意。

地基处理应根据实际工程的基础形式与持力层分布情况因地制宜，选择合理的地基处理形式。本工程选择爆破与回填相结合的方法，爆破范围为离崖壁较远、对周边环境影响较小、岩面起伏变化不大、工作量较少等区域；回填范围为离崖壁较近、岩面起伏变化较大、爆破困难和影响周边安全等区域。

由表13.1可知，由于主体结构坑底基础平面位置距离崖壁较近（最近的基础仅为几米），且地质深坑崖壁较陡、岩石较硬，爆破较难控制，稍微不慎会破坏整个崖壁的稳定性。为保证坑底基础安全，用三维扫描后的三维模型，对岩面和基础按实际情况进行调整基础标高，或对岩面进行局部修正调整。

重庆市工程建设标准《建筑地基基础设计规范》DBJ 50—047—2006 的要求，基础的嵌岩有效深度不得小于 0.5m，如需满足嵌岩深度要求，整体爆破量的工作巨大，部分基础距离崖壁很近，爆破很容易对崖壁整体稳定性产生影响，而且持力层岩体局部凿岩施工困难。利用三维扫描得到的岩面模型，通过回填混凝土与局部凿岩相结合的方案，以填为主，凿岩为辅。回填方式以放坡为主，崖壁脚趾以填为主，在满足结构安全性的前提下，兼顾经济性。岩质边坡回填混凝土是按设计要求等同再造岩石地基，为不破坏地基原有稳定性，通过回填混凝土对坑底复杂岩面的处理，形成若干连续回填混凝土台阶，主体结构依地势顺坡设计，回填混凝土与持力层岩面相结合的混合地基，为上部结构的基础提供稳定的承载力。

14.2 岩质边坡回填混凝土的原则与要求

14.2.1 岩质边坡回填混凝土的基本原则

岩质边坡进行回填混凝土处理时，需区别回填混凝土和上部结构基础，回填混凝土作为原有岩体地基处理的一部分，其强度与岩体强度匹配。上部结构基础作为上部结构的基础，其强度需满足上部结构的传力要求。

本工程坑内基础持力层为中风化或微风化基岩，岩石承载力特征值为1700kPa，回填混凝土强度等级采用C25，回填混凝土强度满足原有岩体强度要求，可作为上部结构基础的支承面。上部结构通过基础传至回填混凝土与岩体形成的混合地基上。

岩质边坡回填混凝土的基本原则：

（1）回填混凝土按逐层放坡，修整为若干个连续台阶。

回填混凝土与坑底持力层岩体形成混合地基，上部结构的基础作用于混合地基上，混合地基受力特性等同岩质地基，混合地基边坡性质同岩质边坡。通过对回填混凝土逐层放坡，使得混合地基满足上部承载力和抗滑移的稳定，又有较好的经济性。

（2）各专业应协调设计，以确定适宜于场地的结构形式。

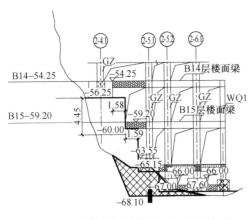

图14.1　建筑使用功能与岩质边坡冲突

由于坑底岩面起伏变化较大，部分岩面已露出建筑完成面，已影响建筑使用功能。对影响建筑功能的岩面，根据岩面实际情况，在安全允许的情况下实现局部凿岩，否则调整建筑布置。对于部分岩面虽尚未影响建筑完成面，但由于边坡较陡，必须进行回填处理，而受到建筑使用的局限，回填混凝土坡度也较陡，则在满足建筑使用功能的情况下，通过结构的加强措施来满足安全性的要求。如图14.1所示为在2—5.1轴左侧，原建筑在B14～B16均有使用功能要求，根据三维扫描后的真实岩面模型，当岩质边坡较陡时，无法对岩面进行爆破，故调整2—5.1轴左侧建筑功能，取消B16、B15层建筑使用功能，仅留存在B14层及以上的使用功能要求。在2—5.2～2—6.1轴之间，由于建筑消防电梯要求，必须满足建筑使用功能要求，则只能通过局部凿岩，使得完成面标高满足建筑使用要求，在此基础上，限制了回填混凝土的坡度，通过增设抗剪键及预应力锚索，满足结构安全要求。在三维激光扫描得到的三维模型中进行协同设计，达到建筑与结构的统一（表14.1）。

表14.1

局部协同设计调整

范围	建筑使用功能	协同设计调整
2—4.1～2—5.1	B14～B16层楼梯间	建筑配合回填方案，楼梯移位，确保崖壁安全
2—5.1～2—5.2	B14～B16层电梯厅	配合回填方案，调整此区域标高，建筑与结构同时调整
2—5.2～2—6.1	B14～B16层电梯井	局部凿岩，满足建筑电梯要求

（3）对受外部扰动后的岩质边坡稳定性进行评估计算。

在不影响原有岩质边坡的稳定性，将岩质边坡回填为连续台阶，由于岩面起伏变化较大，回填混凝土对原岩质边坡有一定影响。原岩质边坡受到附加的回填混凝土及上部荷载的作用，原有岩质边坡的稳定平衡状态有可能发生变化，其稳定问题包括新填混凝土沿原坡坡面发生滑坡以及原坡岩体在附加（回填混凝土和上部建筑）荷载作用下的滑坡。因此，对岩质边坡的稳定性进行评估时，需考虑如图 14.2 所示两个结构面，在结构面 1、2 处，均需满足稳定性的要求。

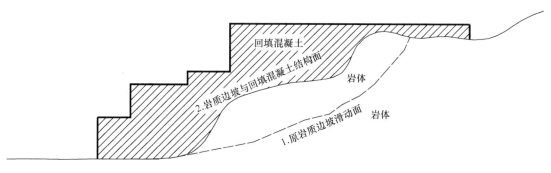

图 14.2　岩质边坡潜在抗滑移面

（4）加强回填混凝土与岩面交界面结合程度，抗滑移处理措施应安全可靠。

根据《建筑边坡工程技术规范》GB 50330—2013 可知，岩体结构面强度指标与结构面结合程度有关，如表 14.2 所示，当结构面结合程度好时，能有效提高结构面抗剪强度指标标准值。

结构面抗剪强度指标标准值　　　　　　　　　　　表 14.2

结构面类型		结构面结合程度	内摩擦角 φ（°）	黏聚力 c（MPa）
硬性结构面	1	结合好	35	0.13
	2	结合一般	35～27	0.13～0.09
	3	结合差	27～18	0.09～0.05
软弱结构面	4	结合很差	18～12	0.05～0.02
	5	结合极差（泥化层）	12	0.02

对于交界面的处理，需清理交界面面上碎石、残渣等，如结构面光滑，可通过适当凿岩，以增加结构面粗糙度，提高回填混凝土与岩体之间抗剪强度指标。根据原岩质边坡的坡度不同，可采取有针对性的措施，加强回填混凝土与原岩质边坡的整体稳定性。

14.2.2　岩质边坡回填混凝土的基本要求

岩质边坡回填混凝土的基本要求：

（1）分层回填

在满足上部基础的构造要求的前提下，优化混凝土回填方案，通过分层回填，不仅可优化回填混凝土用量，更可最低限度降低回填对原岩体的影响。

从经济性角度出发，通过分层回填混凝土形成连续的变标高的台阶，为上部结构提供稳定的地基承载力。如图 14.3 所示，回填混凝土进行分层时，需考虑径向及环向岩体岩面起伏变化情况，并综合考虑。

（2）边坡回填混凝土分层计算

回填混凝土与常规回填土不同，回填混凝土在逐层施工过程中能到达自身稳定，本身

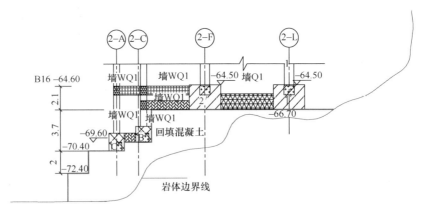

图 14.3　分层回填混凝土

具有一定的承载能力。而回填土，则根据土的特性需设置挡墙等加强措施，回填混凝土在逐层施工时，下层已施工完成的混凝土，可为上层未施工混凝土提供承载力。

（3）分层设置抗剪键

由于坑底范围较大，回填混凝土无法同时施工，实际施工时根据回填混凝土面标高不同，进行分层施工。为加强分层施工混凝土之间的连接，分层混凝土之间利用水平钢筋网格，在钢筋网格内预埋木质垫块，待下层混凝土施工完成后，清除木质垫块，上层混凝土施工时，即可形成上下层之间的抗剪键，或在上下层混凝土之间预埋竖向插筋，增强先后浇筑的两层混凝土之间的结合。

（4）回填混凝土与岩面交界面措施

根据《建筑地基基础设计规范》GB 50007—2011 的要求，土对基底的摩擦系数 μ 如表 14.3 所示。

土对挡土墙基底的摩擦系数 μ　　　　　　　　　　　　　　　表 14.3

土的类别		摩擦系数 μ
黏性土	可塑	0.25～0.30
	硬塑	0.30～0.35
	坚硬	0.35～0.45
粉土		0.30～0.40
中砂、粗砂、砾砂		0.40～0.50
碎石土		0.40～0.60
软质岩		0.40～0.60
表面粗糙的硬质岩		0.65～0.75

由于回填土无法作为上部结构的地基，采用回填混凝土可作为上部结构地基的一部分，规范对回填混凝土与基底的摩擦系数无明确规定，设计按偏安全的回填土考虑，基底按较软岩考虑，则回填混凝土与基底岩面的摩擦系数 $\mu=0.40～0.60$。

根据一般力学原理，如图 14.4 所示，坡面上滑块在竖向荷载作用下，沿滑块方向分力为 $F_x=G\sin\theta$，垂直滑块方向分力 $F_V=G\cos\theta$，当摩擦系数为 μ 时，坡面滑块的摩擦力 $f_s=\mu G\cos\theta$，当滑块受力满足下式时，坡面滑块处于稳定状态。

$$F_x < f_s, \rightarrow G\sin\theta < \mu G\cos\theta$$
$$(14.1)$$

即 $\tan\theta < \mu$ 时，坡面滑块处于稳定状态。当 $\mu = 0.40 \sim 0.60$ 时，$\theta = 22° \sim 31°$，基于此，对不同坡度的岩面采取不同的构造加强措施，加强回填混凝土与岩面的整体粘结能力。

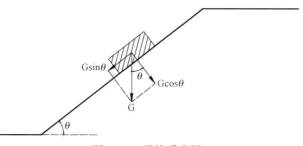

图 14.4　滑块受力图

由于主体结构范围内原岩体已采用了锚筋或锚索等的方式进行了加强处理，对原岩体采用锚筋加强的部位，将锚筋延长，使得锚筋在回填混凝土当中满足锚固长度要求。对原岩体采用锚索加强的部位，利用锚索锚固端的凸出部分，形成天然抗剪键。采取上述加强措施，加强了回填混凝土与岩体的结合。

在利用原有岩体加强措施的前提下，按如下几点原则，利用回填混凝土 2m 间距水平分布筋，植筋入岩体，加强回填混凝土与岩体结合面。

1）岩面坡度小于 30°时，水平分布筋可不伸入岩体；

2）岩面坡度大于 30°、小于 60°时，水平分布筋伸入岩体 28@1000；

3）岩面坡度大于 60°时，水平分布筋伸入岩体 28@500；

回填混凝土与原有岩体结合面，通过计算满足抗滑移要求的前提下，再采用上述构造措施，进一步加强了地基的安全性。

（5）计算配筋原则

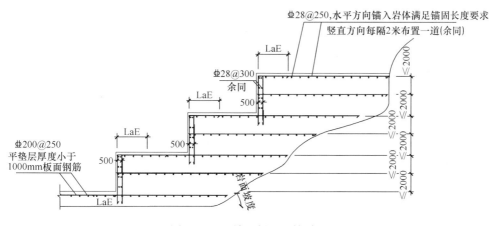

图 14.5　回填混凝土配筋详图

回填混凝土的配筋主要有三部分组成：

1）坡边竖向分布筋

坡边竖向分布筋按两种计算模型确定，一是根据回填混凝土逐层稳定，在上层混凝土未达到强度时，下层混凝土坡边回填混凝土作为挡墙，为内部混凝土提供侧向支撑；另是当上部独立基础距离坡边较近时，坡边竖向分布筋等同沿坡边暗墙，能有效提高坡边抗弯和抗剪承载能力，提高结构安全性。

2）台阶面水平分布筋

台阶面水平分布筋有两种作用：当台阶面有上部结构的独立基础时，独立基础作用范围内台阶面分布筋加强处理；当台阶面无上部结构的独立基础时，台阶面水平分布筋按构造要求即可。

3）内部温度分布筋

内部温度分布筋按规范要求每个2m设置一道，同时结合岩面实际情况，根据岩面坡度，适当增加分布筋植筋入岩体，加强回填混凝土与岩体的连接。

14.3 岩质边坡回填混凝土设计

14.3.1 回填混凝土岩面抗滑移验算

三维模型可得到较为精确的基础所在位置的实际岩面起伏情况（如表13.1所示），根据这些剖面进行抗滑移验算。

（1）规范条分法计算

地基岩面起伏很大，回填混凝土高低落差达到十几米乃至二十米之多，需考虑回填混凝土与岩面之间可能发生相对滑移，应进行回填混凝土稳定性分析。如图14.6所示，按照《建筑地基基础设计规范》对滑坡推力进行验算。

$$F_n = F_{n-1}\psi + \gamma_t G_{nt} - G_{nn}\tan\varphi_n - c_n l_n \tag{14.2}$$

F_n、F_{n-1}——滑体剩余下滑力；

ψ——传递系数；

γ_t——滑坡推力安全系数；

φ_n、c_n——内摩擦角、黏聚力标准值。

以2—5轴线上的地基岩面情况为例，将2—5轴线上回填混凝土进行划分（图14.7），每块滑块的推力按规范公式进行计算，根据地勘报告岩面信息，内摩擦角正切值$\tan\varphi_n$取0.6，黏聚力标准值c_n取130kPa。

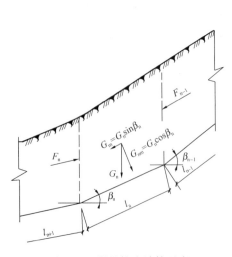

图14.6 滑坡推力计算示意

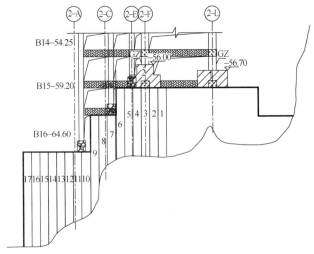

图14.7 2-5轴线剖面示意图

从表 14.4 可知，滑体剩余下滑力出现负值，即剩余下滑力与滑动方向相反，滑体已经稳定，自身达到平衡不会出现滑坡现象。

滑坡推力计算结果		表 14.4	
n	F_n（kN）	n	F_n（kN）
1	−2846.8	10	377.4
2	−2846.8	11	393.5
3	−2846.8	12	420.3
4	−2846.8	13	603.3
5	−2213.2	14	578.2
6	−258.3	15	67.5
7	−92.6	16	−674.7
8	205.3	17	−729.4
9	720.0		

（2）改进的条分法计算

由于规范采用的是极限平衡法，极限平衡法关心的只是边坡的整体稳定性，并不关心各个条块的自身稳定情况。为了研究分条块的稳定性，引入 F_{si} 为条块稳定系数，该系数的定义沿用强度安全储备系数概念，实际计算时为滑面的抗剪强度和下滑力的比值，即：

$$F_{si} = \frac{G_{nn}\tan\varphi + c_n l_n}{F_{n-1}\psi + \gamma_t G_{nt}} \tag{14.3}$$

条块稳定系数 F_{si} 的意义在于：考虑各个条块受力状况的差异，分别给出不同的底滑面强度折减系数，而使整个滑面达到极限平衡。该系数的引入不仅可以对边坡滑动体所处的主滑段、抗滑动段、牵引段等滑动区域做出初步判断，而且还可以大致了解不同稳定状态下条块对整个边坡渐进破坏的影响，大致确定边坡的破坏模式。图 14.8 为条块稳定系数沿滑面分布结果。

从图 14.8 的结果显示，边坡坡脚处对应的条块 8～15 的稳定系数均小于 1.0，因此可以判定条块 8～15 为滑坡的主滑区。滑坡由坡体前部的条块开始滑动，可以大致判断该滑坡的滑动模式为牵引式滑动。

用改进的条分法来分析混凝土和坚硬的岩石面之间的滑动问题。不仅可以按照规范要求计算了滑坡的下滑力，而且用条块稳定系数 F_{si} 来进一步分析了滑动面的滑动情况。根据条块稳定系数

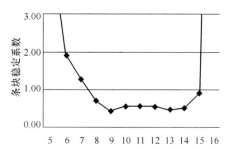

图 14.8　条块稳定系数沿滑面分布结果

F_{si} 随滑动面的分布规律划分滑体的滑动段，大致判断滑坡的滑动模式。

用三维激光扫描得到的坑底三维实际模型，可得到各个剖面的真实情况，根据规范的条分法计算方法，和条块稳定系数，可对回填混凝土与持力层岩面相结合的混合地基精细化设计，在满足结构设计安全的情况下，提高经济性。

14.3.2 回填混凝土有限元分析

（1）局部剖面有限元计算

根据三维扫描岩面的真实情况及回填混凝土方案，建立三维有限元模型，对坑底复杂剖面进行局部有限元分析（图14.9、图14.10）

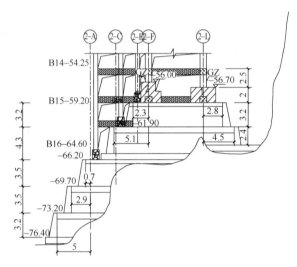

图 14.9 局部剖面详图

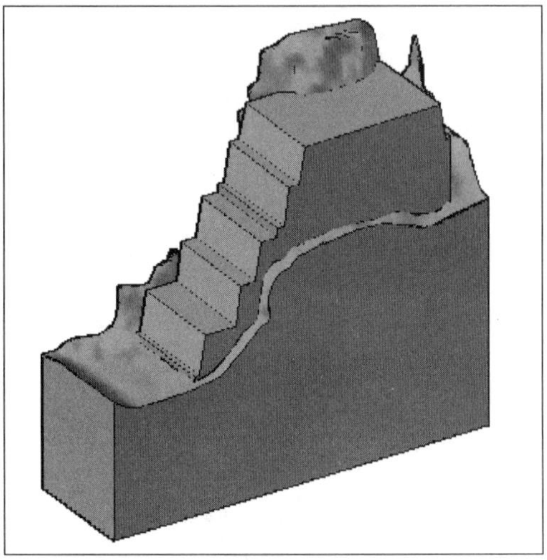

图 14.10 局部剖面有限元模型

三维有限元计算得到上部荷载在回填混凝土中的扩散传递、复杂岩面与回填混凝土的交界面传力路径以及回填混凝土与岩面之间的相对滑移情况等。

从应力分析图14.11、图14.12可知：

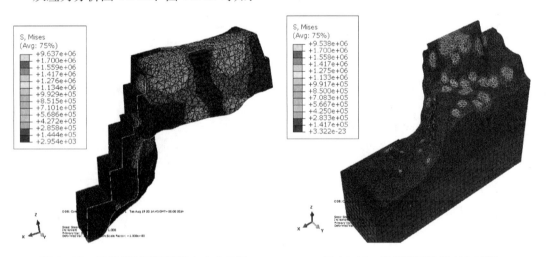

图 14.11 局部剖面回填混凝土应力云图

图 14.12 局部剖面岩石应力云图

1）回填混凝土上两个基础承台荷载通过一定的扩散角传至岩面，回填混凝土范围确保了上部荷载的有效传递；

2）由于交界面岩面的整体凸起，有效的"卡"住了混凝土滑块，因此传递至混凝土垫层底部的力较小；

3）由于岩面并不平整，存在局部凸起，使得这些凸起部位有较大的应力集中，但岩体的整体应力水平较低；

4）在整体有限元模型中，混凝土和岩面存在较为明显的应力集中状况，但整体应力水平均小于自身极限状态应力。

通过局部剖面三维有限元建模补充分析计算，能了解复杂剖面回填混凝土与岩面之间内力传递的路径和应力分布情况，有针对性的采取相应措施。

（2）整体回填有限元计算

通过规范计算方法与局部有限元补充计算，可得到最终的坑底回填混凝土方案，并建立整体有限元分析计算模型，对最终完成的回填混凝土方案进行整体评估分析。

采用莫尔破坏准则，由应力莫尔圆所代表的任何应力状态在莫尔包络线以下时，岩石不会破裂；当应力莫尔圆与应力包络线相切时，岩石会在与最大主应力成 θ 夹角的面上发生破坏。库仑破坏准则给出的条件为：$\tau = c + \mu\sigma$。式中：τ 和 σ 分别为临界剪应力和正应力，c 是材料的粘结强度或正应力为零时的抗剪强度；μ 为材料的内摩擦系数。莫尔库伦强度理论见图 14.13。根据莫尔-库伦强度理论，将由点云生成的岩石模型和最终回

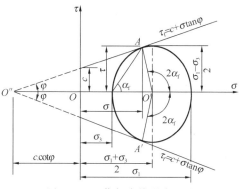

图 14.13　莫尔库伦强度理论

填混凝土模型一并导入到通用有限元软件进行承载力验算，如图 14.14、图 14.15 所示。

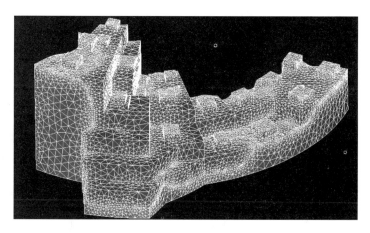

图 14.14　有限元模型

从应力云图及有限元分析计算结果可知，在设计荷载作用下，回填混凝土和岩体内部产生的应力均未达到材料的破坏极限。即岩体与回填混凝土形成的混合地基，在设计荷载作用下，既满足材料强度要求，也满足抗滑移要求，岩体与回填混凝土形成的混合地基能满足上部结构承载力要求。

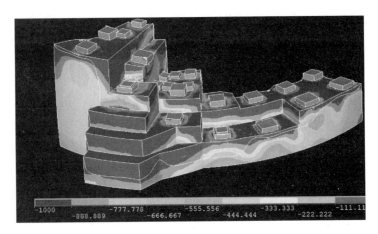

图 14.15 主应力分布图

14.4 复杂地貌回填混凝土后上部结构基础设计

采用三维激光扫描技术得到坑底复杂地貌的三维模型，基于三维模型，在满足安全性及经济性的前提下，可得到坑底回填混凝土方案，在回填混凝土方案的基础上，可进行上部结构的基础设计。回填混凝土形成的连续台阶式的地基，为上部结构的基础提供稳定的承载力。

岩体持力层起伏变化较大，最深处到有建筑使用功能的 B16 层（−64.60m）高度尚有十几米高差，最浅处已到 B16 层标高处。结合实际回填混凝土台阶面，形成变底标高的多层箱型基础形式（图 14.16、图 14.17），局部柱下采用独立基础，墙下采用条形基础，岩面已接近 B16 层标高处采用筏板基础，筏板基础与多层箱型基础顶板连接，形成整体。

图 14.16 右侧多层箱型基础示意图
（剪力墙未示意）

图 14.17 左侧多层箱型基础示意图
（剪力墙未示意）

14.4.1 变底标高的多层箱型基础设计

（1）水下箱型基础采用侧壁开洞平衡内外水压力

由于坑内建筑设计常年水位标高为−55.70m，多层箱型基础底板到设计常年水位最大高差达 20 余米，箱型基础内外剪力墙无法承担如此巨大水位高差产生的压力，通过在箱型基础内外剪力墙适当的位置上留洞，使得箱型基础内外贯通，形成连通的整体，箱型基础内外水压力达到自身平衡，有效的卸载水压力对箱型基础侧壁的影响。

如图 14.18 所示，箱型基础剪力墙上留洞尺寸为 1000mm×1200mm（红色圆圈所示区域），留洞位置需确保箱型基础无封闭空间，即确保图 14.18 中蓝色虚线所示剪力墙无围合封闭空腔，在满足要求的情况下，尽量减少剪力墙留洞。箱型基础侧壁留洞，不仅能有效卸载水压力，也为多层箱型基础施工期间运输通道和拆模提供方便。

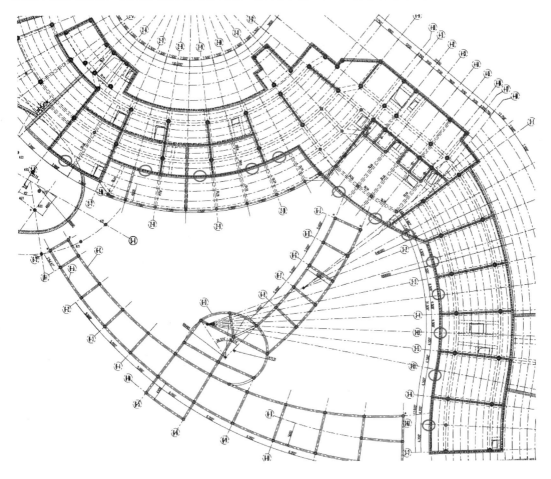

图 14.18　箱型基础剪力墙上留洞分布图

（2）箱型基础外有翼墙抵抗水平滑移，如图 14.19 所示，在进行箱型基础设计时，沿剪力墙的方向在箱型基础外侧局部延伸加腋墙，以提高抗滑移能力。环向有传递水平力的纵墙，变标高有加腋墙，确保水平力有效传递如图 14.20 所示，在环向 2－L 轴交 2－4～2－8 轴之间，由于岩面起伏变化很大，岩体坡面较陡，通过顺坡向配合回填混凝土增设剪力墙（图 14.19 红色填充部分），增强水平力传递能力，确保高边坡整体稳定。

（3）多层变标高箱型基础的嵌固要求

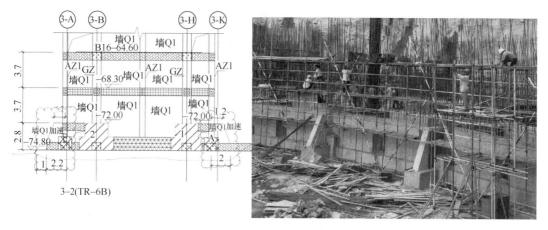

图 14.19　箱型基础外侧墙体加腋

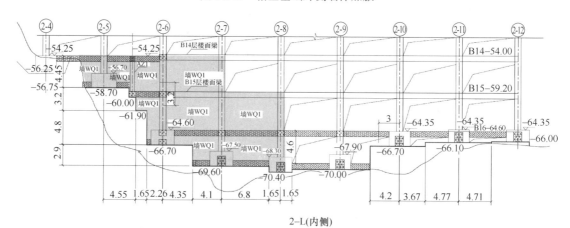

图 14.20　箱型基础环向陡坡处增加剪力墙

多层箱型基础在局部较高处增设楼板，以加强整体刚度，如图 14.21 所示，在不同标高处均设置有楼板，云线 1 所示处在 −69.400m 处有隔板（板厚 200mm），云线 2 所示处在 −68.300m 处有隔板（板厚 200mm）。每个分割区间隔板均开洞，使得上下层箱型基础内部贯通，避免形成封闭空间。

同时，主楼范围内箱型基础顶板为 800mm 厚，箱型基础顶板与筏板连接，形成整体。如图 14.22 所示，对 B16 层以下多层箱型基础增设剪力墙及中间隔板（图中蓝色虚线为上部剪力墙延伸，红色虚线为箱型基础新增剪力墙），有效的增强了整体刚度，满足上部结构的嵌固要求。

（4）箱型基础顶板的计算原则

主楼范围内箱型基础顶板为 800mm 厚，部分范围采用箱型基础，部分范围采用筏基，直接落于岩面或回填混凝土上（如图 14.23 所示）。上部结构竖向荷载通过墙、柱传至基础底面，箱型基础顶板设计时，仅需考虑本层楼面荷载、高水位抗浮以及筏基时基础承载力。

800mm 厚作为筏基时，对柱下、墙下均采用局部加厚的承台处理，满足承载力要求。底板底标高为 −65.40m，坑内设计常水位 −55.70m，抗浮水位达 9.7m，通过抗浮设计，对底板进行配筋。

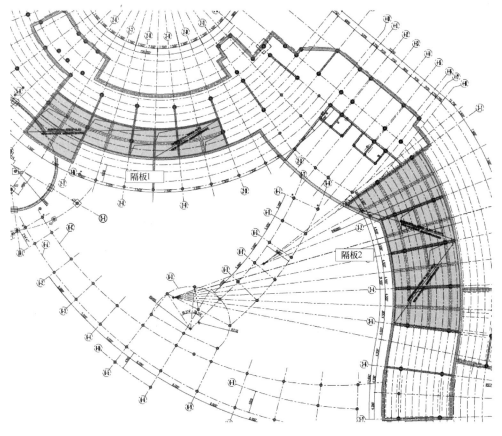

图 14.21　箱型基础中间隔板

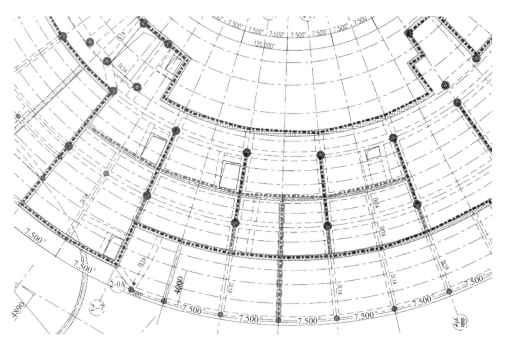

图 14.22　箱型基础新增剪力墙

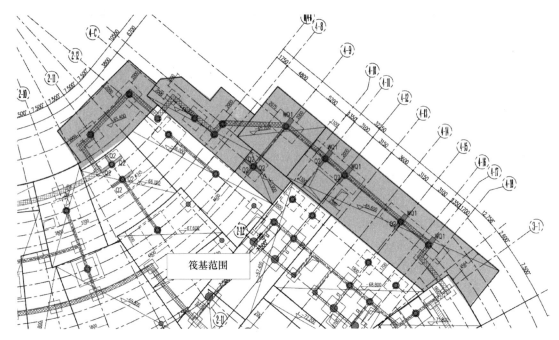

图 14.23 筏基平面范围

14.4.2 高边坡独立承台基础设计

（1）构造措施

高边坡独立基础承台设计时，需注意独立基础到坡边的距离、抗剪键、垫层等设计要求。

1）基础到坡边的距离

《建筑地基基础设计规范》GB 50007—2011 5.4.2 条对土坡进行了明确要求，但对岩质边坡无具体要求。重庆市工程建设标准《建筑地基基础设计规范》DBJ 50—047—2006 第 4.4.3 条要求，岩质边坡上基础外边缘到坡面的水平距离应满足表 14.5 的要求，不满足该表要求时，应对坡面采取防护措施。

岩质边坡上的基础设置要求　　表 14.5

岩体完整程度	完整	较完整
基础外边缘与坡脚连线的倾角 θ（°）	75	65
基础外边缘与坡面的水平距离 a（m）	1.5	2.0

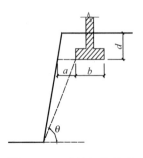

图 14.24　岩坡上的基础

根据上述要求，上部独立基础与回填混凝土坡边的关系分如下三种情况（图 14.25）：

a）四边约束，上部独立基础各个方向距离坡边均满足规范要求，下部回填混凝土四个方向均能有效的分散上部结构传递的荷载，回填混凝土受力状况较好；

b）三边约束，上部独立基础有一个方向距离坡边不满足规范要求，下部回填混凝土仅三个方向能有效的分散上部结构传递的荷载，另一个方向回填混凝土由于地基应力无法

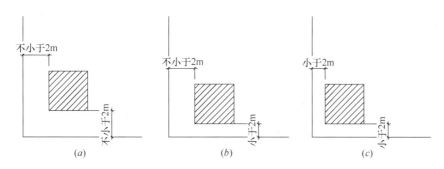

图 14.25　基础回填混凝土坡边关系
(a) 四边约束；(b) 三边约束；(c) 两边约束

扩散，局部应力集中，回填混凝土受力状况一般；

c) 两边约束，上部独立基础有两个方向距离坡边不满足规范要求，不满足要求的两个方向上回填混凝土由于地基应力无法扩散，局部应力集中，回填混凝土受力状况复杂，需采取特别措施。

采用有限元分析软件，研究上述三种约束情况下上部基础荷载在地基中的传递，三种情况下应力分布云图如图 14.26 所示。

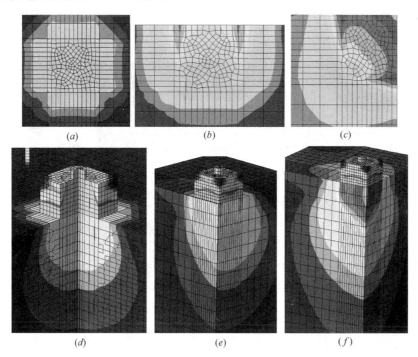

图 14.26　不同约束情况地基应力云图
(a) 四边约束（应力平面分布）；(b) 三边约束（应力平面分布）；
(c) 两边约束（应力平面分布）；(d) 四边约束（应力立面分布）；
(e) 三边约束（应力立面分布）；(f) 两边约束（应力立面分布）

通过有限元分析计算可知：

a) 四边约束时，基础荷载在地基四边均匀扩散，地基受力情况较好；

b）三边约束时，缺口一侧由于应力无法扩散导致应力集中，实际设计时回填混凝土缺口一侧全长设置竖向纵筋；

c）两边约束时，两边缺口均存在应力集中，且角部应力集中最为明显，实际设计时回填混凝土缺口一侧全长设置竖向纵筋，对缺口一侧采取加强措施；

回填混凝土设计时，尽量满足上部独立基础在四边均有约束。

2）抗剪键

在上部基础与回填混凝土之间设置抗剪键，通过抗剪键将上部水平力传递至下部地基。经计算分析，对每个钢管混凝土柱下独立基础，均设置四个抗剪键；对其他小柱，每个柱下设一个抗剪键；剪力墙下按一定间距设置一个抗剪键，抗剪键详图如图 14.27、14.28 所示，抗剪键嵌入下部回填混凝土内。

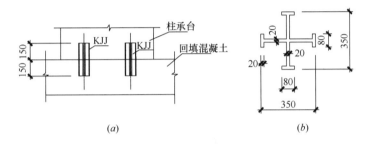

图 14.27 基础下抗剪键详图

（a）抗剪键立面嵌岩；（b）抗剪键平面图

图 14.28 基础下抗剪键施工图

3）垫层

通过有限元分析计算可知，岩体高低起伏不一，岩面局部"凸起"容易应力集中。在岩面高低起伏变化较大区域，在"凸"起岩面和上部基础之间采用一定厚度的垫层，能有效减少"凸"起岩面对上部基础的应力集中。

（2）高边坡独立基础的计算原则

岩石地基上的独立柱基，由于地基承载力很高，坑底微风化安山岩岩石地基的承载力通常在 1700kPa 左右，基础底面尺寸较小的特点，抗冲切通常都能满足（根据地基规范 8.2.8 条计算复核），基础高度主要由抗剪承载力来决定。

《建筑地基基础设计规范》GB 50007—20118.1.1 条对无筋扩展基础的要求，当基础单侧扩展范围内基础底面处的平均压力值超过 300kPa 时，应按下式计算（适用于除岩石以外的地基）：

$$V_s \leqslant 0.366\, f_t A \tag{14.4}$$

V_s——相应于基本组合时的地基平均净反力产生的沿墙（柱）边缘或变阶处的剪力设计值；

　A——沿墙（柱）边缘或变阶处基础的垂直截面面积。

重庆市工程建设标准《建筑地基基础设计规范》DBJ 50—047—2006 第 8.2.2 条对无筋扩展基础的要求，当基础单侧扩展范围内基础底面处的平均压力值超过 300kPa 时，按下式计算：

$$V_s \leqslant 0.70\, f_t A \tag{14.5}$$

由式（14.4）、式（14.5）可知，重庆市工程建设标准《建筑地基基础设计规范》DBJ 50—047—2006 中对于岩石地基无筋扩展基础承载力计算值比《建筑地基基础设计规范》GB 50007—2011 高。在实际工程中当地基承载力特征值较高时（如超过 300kPa），通常采用钢筋混凝土基础，避免采用无筋扩展基础。

《建筑地基基础设计规范》GB 50007—2011 第 8.2.9 条对钢筋混凝土扩展基础的要求，应按下式计算：

$$V_s \leqslant 0.7\, \beta_{hs}\, f_t\, A_0 \tag{14.6}$$

$$\beta_{hs} = (800/\, h_0)^{1/4} \tag{14.7}$$

β_{hs}——受剪切承载力截面高度影响系数。

《混凝土结构设计规范》GB 50010—2010 第 6.3.3 条规定的斜截面受剪承载力公式，适用于一般板类构件，尤其适用于薄板，国家标准《建筑地基基础设计规范》第 8.2.9 条直接采用《混凝土结构设计规范》的计算公式（式 14.6）进行厚板的受剪承载力计算，导致计算所需的基础有效面积增加较多。

国家标准《建筑地基基础设计规范》对筏板基础的抗剪设计规定（8.4.10 条）中，取用柱（墙）边缘 h_0 处的剪力设计值，采用的是减小剪力设计值的方法；而对桩承台的抗剪设计规定（8.5.21 条）中，引入剪切系数 β，采用的是增大基础抗剪承载力的办法，两者处理方法虽然不同，但减小基础截面高度的目的是一致的。比较可以发现，在实际工程中，完全不考虑基础底板厚度对单向受力的独立基础抗剪承载力的影响，这一做法值得探讨。

广东省标准《建筑地基基础设计规范》DBJ 15—31 第 9.2.7 条规定，V_s 取距柱边 $h_0/2$ 处的计算值。

实际工程设计时，建议按国家标准《建筑地基基础设计规范》第 8.2.9 条并考虑剪切系数，与广东省《地基规范》计算结果取包络设计。

现行相关规范对基础抗剪计算如表 14.6～表 14.8 所示，由表可知，按国标《地基规范》进行扩展基础抗剪验算时，基础设计偏于安全。

无筋扩展基础抗剪计算 表 14.6

规范条文	计算公式	备注
国标《地基规范》	$V_s \leqslant 0.366\, f_t A$	除岩石以外的地基
重庆《地基规范》	$V_s \leqslant 0.70\, f_t A$	

扩展基础抗剪计算 表 14.7

规范	计算公式	备注
国标《地基规范》	$V_s \leqslant 0.7\, \beta_{hs} f_t A_0$	V_s 取柱与基础交接处
广东省《地基规范》	$V_s \leqslant 0.7\, \beta_{hs} f_t A_0$	V_s 取距柱边 $h_0/2$ 处

国标《地基规范》对各类基础抗剪计算 表 14.8

基础类型	规范条文	计算公式	差别	备注
扩展基础	8.2.9 条	$V_s \leqslant 0.7\, \beta_{hs} f_t A_0$	V_s 取柱与基础交接处	
筏板基础	8.4.10 条	$V_s \leqslant 0.7\, \beta_{hs} f_t b_w h_0$	V_s 取距内筒或柱边 h_0 处	减小设计剪力
桩基础	8.5.21 条	$V_s \leqslant \beta_{hs} \beta f_t b_0 h_0$	引入了剪切系数 β	增加基础抗剪承载力

本工程仍按《地基规范》8.2.9 条进行抗剪验算，基础设计偏于安全。

（3）有限元分析

对基底反力集中于柱附近的岩石地基，基础的抗剪验算条件应根据各地区具体情况确定。岩石地基上扩展基础的基底反力曲线是一倒置的马鞍形，呈现出中间大，两边小，到了边缘又略为增大的分布形式，反力的分布曲线主要与岩体的变形模量和基础的弹性模量比值、基础的高宽比有关。

采用有限元进行分析计算，研究岩体的变形模量和基础的弹性模量比值、基础的高宽比两个参数对基础承载力的影响。

1）模量比值

用 $20m \times 20m \times 20m$ 的实体模型模拟无限大空间岩石地基，上部独立基础为 $3m \times 3m \times 2m$，独立基础上部作用 900 钢管混凝土柱，建立如图 14.29 所示的三维分析模型，模型网格划分如图 14.30 所示。独立基础及钢管混凝土柱的混凝土强度等级采用 C60，本构模型采用混凝土损伤塑性模型，岩石地基本构模型采用摩尔-库伦塑性模型。

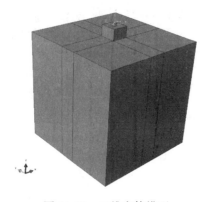
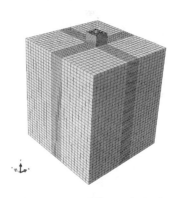

图 14.29 三维实体模型　　　　图 14.30 三维模型网格划分

选取某个钢管混凝土柱上内力 $F=15300$ kN，研究地基不同弹性模量情况下基底应力分布情况。计算如下三种工况：

模型 1：地基弹性模量 $E_1=5.5$ GPa（本工程岩体实际弹性模量）；

模型 2：地基弹性模量 $E_2=55$ GPa（本工程岩体实际弹性模量增加 10 倍）；

模型 3：地基弹性模量 $E_3=0.55$ GPa（本工程岩体实际弹性模量减小 10 倍）；

上述三个模型基底应力分布云图如图 14.31～图 14.36 所示。

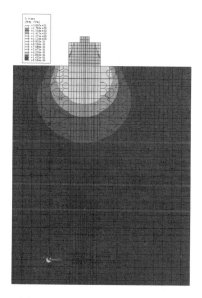

图 14.31　模型 1 整体应力云图

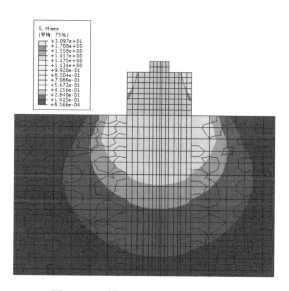

图 14.32　模型 1 基底局部应力云图

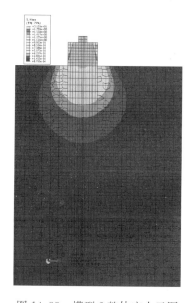

图 14.33　模型 2 整体应力云图

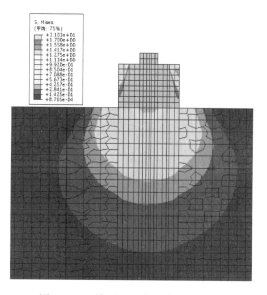

图 14.34　模型 2 基底局部应力云图

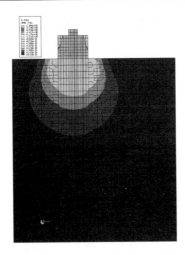
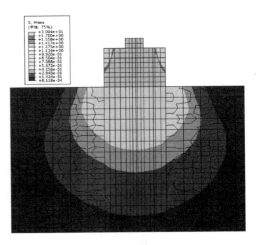

图14.35　模型3整体应力云图　　　　图14.36　模型3基底局部应力云图

上述三个模型基底应力分布水平及垂直方向分布如图14.37、图14.38所示。

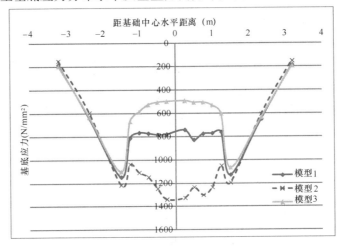

图14.37　不同地基弹性模量基底应力水平方向分布图

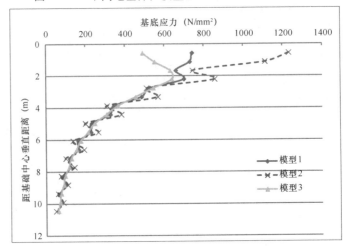

图14.38　不同地基弹性模量基底应力垂直方向分布图

由基底应力分布图可知:

a) 当地基弹性模量较小时,基础底部中间应力较为均匀,边缘有明显的应力集中。

b) 随着地基弹性模量的逐渐增大,基底应力模式发生较大变化,基底应力逐渐向中间转移,呈中间大、两边小、边缘局部大的分布模式,非线性特征强。

c) 随着地基弹性模量逐渐增大,基础的破坏模式由受弯破坏逐渐向局部承压破坏转变。

d) 当深度大于 1 倍基础宽度时,地基弹性模量变化对地基内部应力分布影响较小。

因此,当地基弹性模量相对较大时,由于基底反力向中间转移,上部基础受到的实际剪力值将小于由国家规范《地基规范》第 8.2.9 条计算的剪力值,故国家标准《地基规范》第 8.2.9 条进行基础抗剪验算时,基础设计偏于安全。当地基弹性模量较小(如软弱土层等)时,由于基底应力较为平均(除基础边缘外),国家标准《地基规范》第 8.2.9 条进行基础抗剪验算时,与实际受力情况吻合较好。

2) 基础高宽比

类似上述分析过程,建立典型三维模型,研究上部基础不同高宽比情况下基底应力分布情况。地基弹性模量根据实际情况取值,计算如下三种情况:

模型 1:基础尺寸 3m×3m×2m,基础高宽比 2/3(本工程基础实际高宽比);

模型 4:基础尺寸 3m×3m×1m,基础高宽比 1/3;

模型 5:基础尺寸 3m×3m×3m,基础高宽比 1;

模型 1 基底应力分布云图详见图 14.31、图 14.32,模型 4、模型 5 基底应力分布云图如图 14.39~图 14.42 所示。

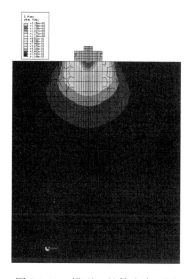
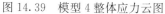
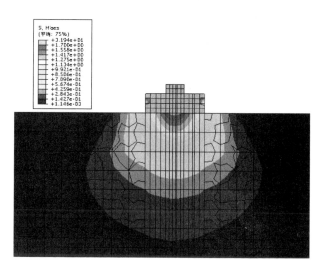

图 14.39　模型 4 整体应力云图　　　　图 14.40　模型 4 基底局部应力云图

上述三个模型基底应力分布水平及垂直方向分布如图 14.43、图 14.44 所示。

由基底应力分布图可知:

a) 当基础高宽比较大时,基础底部中间应力较为均匀,边缘有明显的应力集中;

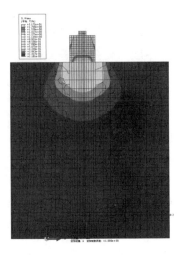

图 14.41　模型 5 整体应力云图　　　图 14.42　模型 5 基底局部应力云图

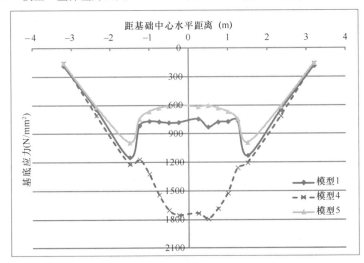

图 14.43　不同高宽比基础基底应力水平方向分布图

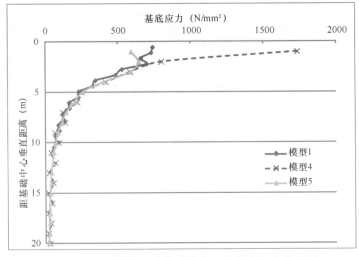

图 14.44　不同高宽比基础基底应力垂直方向分布图

b）高宽比愈大基础反力分布愈均匀，高宽比愈小基础反力分布愈不均匀。随着基础高宽比的逐渐减小，基底应力模式发生较大变化，基底应力逐渐向中间转移，呈中间大、两边小、边缘局部大的分布模式，非线性特征强；

c）基础高宽比的减小引起的基底应力变化情况与地基弹性模量增大的情况类似；

d）当深度大于 1 倍基础宽度时，地基弹性模量变化对地基内部应力分布影响较小。

通过有限元分析计算可知，岩体的变形模量和基础的弹性模量比值、基础的高宽比等因素均会对基底反力的分布产生较大影响。根据有限元分析计算得到的应力分布情况，为回填混凝土提供可靠的设计依据。

14.4.3　特殊部位基础设计

（1）基础紧靠崖壁的处理

根据图 14.45 可知，云线（4－D 轴/4－9～4－18 轴之间）范围处，独立基础距离崖壁较近，独立基础如按建筑 B16 层楼面标高设计，则需对陡坡坡脚进行凿岩或爆破，会对边坡的稳定性产生较大影响。通过与建筑协商，采用抬高独立基础底标高，避免崖壁爆破，同时，在独立基础上增设混凝土剪力墙，改善独立基础受力状态，提高独立基础的抗剪能力，进一步提高基础设计安全性，如图 14.45、图 14.46 所示。

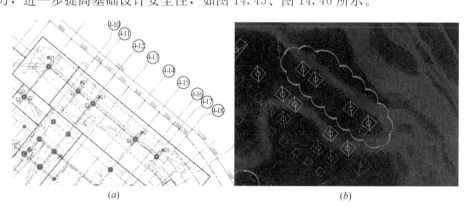

(a)　　　　　　　　　　　　　　　　(b)

图 14.45　基础与崖壁临近时详图

(a) 局部平面图；(b) 局部等高线平面图

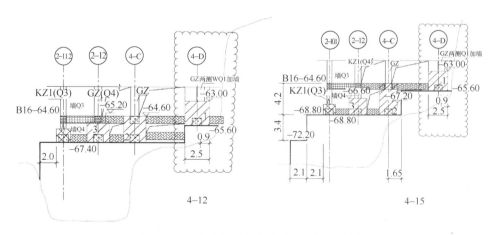

图 14.46　基础与崖壁临近时局部剖面详图

采取类似的处理方法，对基础与崖壁较近的情况进行提前预判，有效地指导了现场施工。

（2）2－4轴的基础处理

根据图14.47可知，云线（2－M～2－P轴/2－4～2－7轴之间）范围处，崖壁呈现"U"形凹进，三面临陡峭崖壁，开口一侧面临陡坡，由于此处为建筑消防电梯区域，建筑使用功能必须保证电梯的正常使用标高，在复杂岩面条件下，给基础设计带来了较大困难。

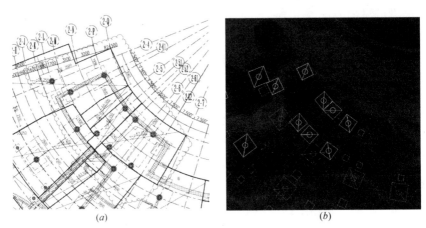

(a)   (b)

图14.47　2－4轴附近局部"凹"进详图
(a) 局部平面图；(b) 局部等高线平面图

由于局部建筑使用功能限制，对回填混凝土的范围提出了更高的要求，在满足建筑使用功能的情况下，局部回填混凝土和箱型基础做法如图14.48所示。

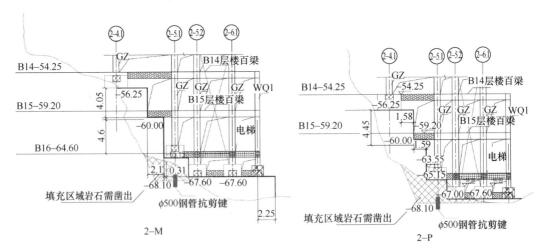

图14.48　2－4轴附近局部"凹"进坡面详图

对回填混凝土与岩壁之间增设预应力锚索，通过张拉锚索，加强回填混凝土与崖壁的整体稳定性，同时，在回填混凝土底部增设钢管混凝土抗剪键，进一步提高抗滑移能力。

14.5 回填混凝土及基础设计最终方案

利用三维激光扫描技术得到的岩体三维模型，在此基础上进行回填混凝土及上部结构基础设计，得到的最终回填混凝土与多层箱型基础安全经济的布置方案，各个主要剖面情况如表 14.9 所示。

回填混凝土及基础设计方案   表 14.9

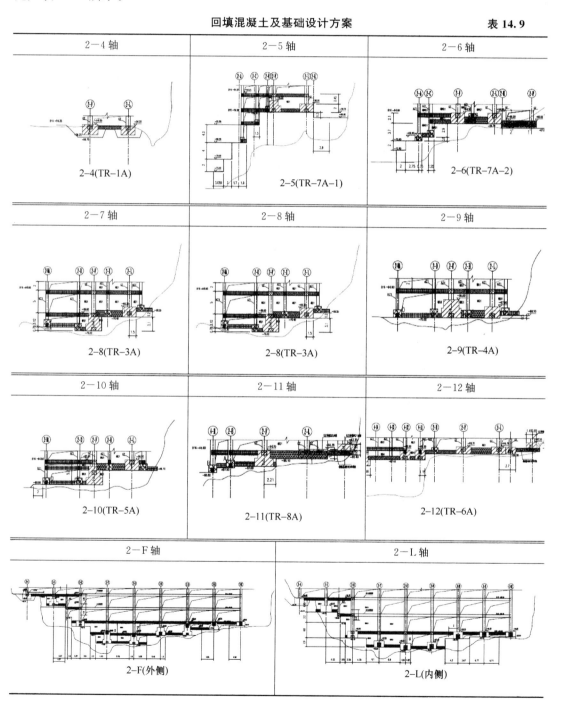

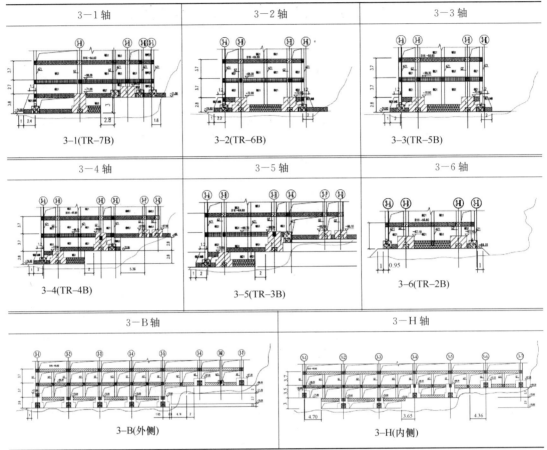

14.6 回填混凝土及基础施工方案

坑底回填混凝土标号为 C25，呈梯田式，标高错落复杂，如图 14.49 所示。

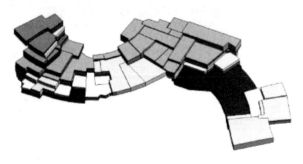

图 14.49 坑底回填混凝土示意图

14.6.1 施工流程

梯田式回填混凝土基础总高 19m，共有 12 个不同的台阶标高，回填浇筑依次由低向高根据台阶高度和地形展开，由于面积较大，回填混凝土分为左右两块分别施工，每次浇筑完成一定标高以下的所有混凝土，整个浇筑过程大致分 12 次进行，每次浇筑高度控制在 2m 以内。基础回填混凝土 12 次浇筑过程通过 BIM 模拟示意如图 14.50 所示，图中新旧层混凝土浇筑变化通过不同颜色显示，具体每次浇筑范围及方量如表 14.10 所示。

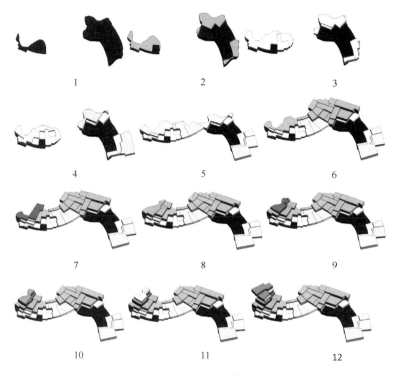

图 14.50　施工过程 BIM 模拟示意如图

分层回填混凝土浇筑情况　　　　　　　　　　　　　　　表 14.10

回填次数	左侧回填范围	左侧回填方量	右侧回填范围	右侧回填方量
1 次	−76.3m 以下	369m³	−74.8m 以下	1384m³
2 次	−74.75～−76.3m	578m³	−73.4～−74.8m	773m³
3 次	−73.2～−74.75m	817m³	−71.8～−73.4m	932m³
4 次	−73.2～−73.2m	597m³	−70.3～−71.8m	632m³
5 次	−70.2～−73.2m	1778m³	−69.7～−70.3m	1084m³
6 次	−69.6～−70.2m	588m³	−69.7m 以上	1346m³
7 次	−68.15～−69.6m	503m³		
8 次	−66.2～−68.15m	1052m³		
9 次	−64.05～−66.2m	563m³		
10 次	−61.9～−64.05m	558m³		
11 次	−60～−61.9m	379m³		
12 次	−58.7～−60m	255m³		
合计		8037m³		6151m³

　　主体结构位于陡峭深坑内，为满足施工人员及部分材料的上下需求，在深坑北侧−50m 平台处配置安装施工升降机，由于坑底回填混凝土工程最低标高约−73m，故在

－50m平台处设置钢楼梯及转料平台至坑底以供施工人员通行及材料转运。另外，材料运输还可利用塔吊进行周转调运。

14.6.2　钢筋及模板加工安装

由于现场崖壁起伏不定，回填混凝土水平筋下料需根据现场情况进行放样下料。每层浇筑的混凝土均为不规则体，实际工程中需要根据径向和环向具体要求配筋。另外，由于每次浇筑方量和面积较大，考虑到整体下料绑扎吊装困难，也需要工人在现场依据地形配筋。如图14.51是回填区域最底层（第一次浇筑层）左侧现场模拟实际钢筋布置图。

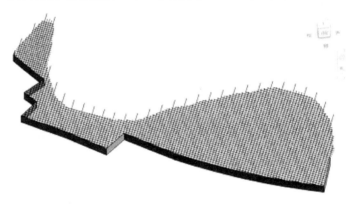

图14.51　最底层左侧钢筋模拟布置图

坑底梯田式回填混凝土基础，标高错落复杂，模板支设困难。靠近岩壁一侧以崖壁为浇筑面，岩壁外侧均需采用单面支撑的方式进行模板支撑。模板受力和设计要求特殊，对模板支撑提出较高要求。回填混凝土模板采用三角支架支撑和钢筋对拉相结合的方法见图14.52、图14.53。

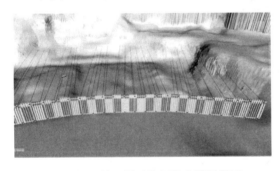

图14.52　第一层对拉钢筋支模局部图　　　　图14.53　对拉螺栓拉结模板节点图

14.6.3　混凝土浇筑

1. 混凝土浇筑方法

接力泵送混凝土浇筑系统的泵管在－50m平台向下时依附崖壁布置，混凝土浇筑时依据各浇筑区域和浇筑方向进行泵管布置，浇筑时边浇筑边退管。一溜到底混凝土浇筑系统，则是在坑顶利用混凝土罐车将混凝土倒入料斗内，再通过溜管输送至坑底固定泵，最后固定泵将混凝土输送至浇筑区域，坑内的泵管布置依据各浇筑区域和浇筑方向进行布置，浇筑时同样要边浇筑边退管。回填混凝土采用 C25 混凝土，按照分层下料、分层振动、一次到顶、大斜坡推进法施工，如图 14.54 所示。

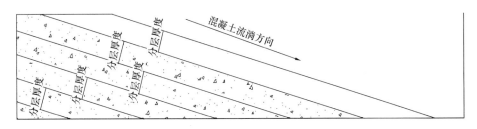

图 14.54　混凝土浇筑示意图

2. 测量与养护

本工程测温采用建筑电子测温仪进行测温，监测点的布置选取每次混凝土浇筑体有代表性的部位，监测点按平面分层布置。在每条测试轴线上，监测点宜不少于 4 处，每处测温点高度布置图如图 14.55 所示。

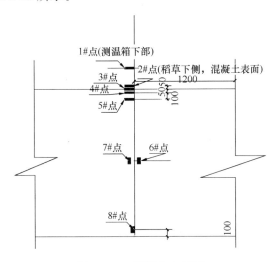

图 14.55　测温点布置图

采用保温隔热法对大体积混凝土进行养护。混凝土每浇筑完一层达初凝后立即覆盖薄膜养护，再覆盖两层稻草保温层，经计算，薄膜厚度 20mm。同时，保湿养护的持续时间不得少于 14d，应经常检查塑料薄膜的完整情况，保持混凝土表面湿润。另外，由于梯田式回填混凝土基础是分层浇筑，当下层养护到 5 天左右要进行上一层的混凝土浇筑，新层将旧层大部分覆盖，留下未覆盖的部分就是一个台阶面，台阶面还需要继续养护，模板必须保留 7d 以上，同时用双层土工布覆盖保温。并根据现场浇筑情况及测温结果随时调整养护措施。

参考文献

［1］　杜建良．坡地建筑地基基础设计及地质灾害防治［D］．杭州：浙江工业大学，2011：1-7.

［2］　张立梅．不良山区地基处理技术研究［D］．北京：北京林业大学，2006：11-25.

［3］　郑毅敏，卢宇航，胡宇滨等．山坡地区建筑的基础设计［J］．结构工程师，2008，24(3)：24-28.

［4］　张四平，黄求顺．高崖边坡上高重心构筑物地基事故的原因及防治［J］．重庆建筑工程学院学报，1992，14(2)：105-110.

［5］　林灌南．岩石地基刚度对基底反力影响的研究［D］．重庆：重庆大学，2009：9-19.

［6］　邹洋．岩石地基上扩展基础破坏模式及承载力性能研究［D］．贵阳：贵州大学，2011：61-86.

［7］　康庆宁．岩石地基上扩展基础受力性能研究［D］．重庆：重庆大学，2010：62-82.

［8］　中华人民共和国建设部．GB 50007—2011 建筑地基基础设计规范［S］．北京：中国建筑工业出版社，2011.

［9］　重庆市工程建设标准．DBJ 50—047—2006 建筑地基基础设计规范［S］．重庆：重庆市建设委员会，2006.

［10］　广东省标准．DBJ 15—31—2003 建筑地基基础设计规范［S］．广东：广东省建设厅，2003.

［11］　陆道渊，哈敏强，陆益鸣等．世茂深坑酒店基础设计［J］．建筑结构，2013，43(S2)：592-597.